高等职业教育服装专业信息化教学新形态系列教材

丛书顾问：倪阳生 张庆辉

服装设计基础（第3版）

FASHION DESIGN BASICS

主　编　孙玉婷　张弘弢

副主编　郎华梅　刘亚全

北京理工大学出版社

BEIJING INSTITUTE OF TECHNOLOGY PRESS

内 容 提 要

　　本书是根据我国服装设计与工程类专业人才培养需要，结合教育教学改革要求和多年的教学经验，采用新的教学模式，按照以行为为导向的过程教学法和以项目为目标的任务驱动法编写的。全书共分九章，包括服装与服装设计概述、服装的造型设计、服装面料与色彩、服装的设计细节、服装分类设计、服装的风格设计、服装设计的程序、系列服装设计、服装设计大师与著名的服装品牌，每章后都附有思考题和项目练习。本书新增了服装设计大师与著名的服装品牌，以拓展学生视野，让学生对设计的前沿有个清晰的认知；并配套精品案例以二维码的形式呈现，使线上课堂与线下教学互动起来。

　　本书主要供服装设计类专业学生使用，也可供自学者及相关行业从业者参考。

图书在版编目（CIP）数据

　　服装设计基础 / 孙玉婷，张弘弢主编.—3版.—北京：北京理工大学出版社，2022.10重印

　　ISBN 978-7-5682-7851-5

　　Ⅰ.①服…　Ⅱ.①孙…②张…　Ⅲ.①服装设计－高等学校－教材　Ⅳ.①TS941.2

　　中国版本图书馆CIP数据核字（2019）第253400号

出版发行 / 北京理工大学出版社有限责任公司

社　　　址 / 北京市海淀区中关村南大街5号

邮　　　编 / 100081

电　　　话 /（010）68914775（总编室）

　　　　　　（010）82562903（教材售后服务热线）

　　　　　　（010）68944723（其他图书服务热线）

网　　　址 / http://www.bitpress.com.cn

经　　　销 / 全国各地新华书店

印　　　刷 / 河北鑫彩博图印刷有限公司

开　　　本 / 889毫米×1194毫米　1/16

印　　　张 / 8　　　　　　　　　　　　　　　　　　　　　　责任编辑 / 多海鹏

字　　　数 / 228千字　　　　　　　　　　　　　　　　　　文案编辑 / 孟祥雪

版　　　次 / 2022年10月第3版第3次印刷　　　　　　　　　责任校对 / 周瑞红

定　　　价 / 55.00元　　　　　　　　　　　　　　　　　　责任印制 / 边心超

总 序

PREFACE

　　服装行业作为我国传统支柱产业之一，在国民经济中占有非常重要的地位。近年来，随着国民收入的不断增加，服装消费已经从单一的遮体避寒的温饱型物质消费转向以时尚、文化、品牌、形象等需求为主导的精神消费。与此同时，人们的服装品牌意识逐渐增强，服装销售渠道由线下到线上再到全渠道的竞争日益加剧。未来的服装设计、生产也将走向智能化、数字化。在服装购买方式方面，"虚拟衣柜""虚拟试衣间"和"梦境全息展示柜"等3D服装体验技术的出现，更是预示着以"DIY体验"为主导的服装销售潮流即将来临。

　　要想在未来的服装行业中谋求更好的发展，不管是服装设计还是服装生产领域都需要大量的专业技术型人才。促进我国服装设计职业教育的产教融合，为维持服装行业的可持续发展提供充足的技术型人才资源，是教育工作者们义不容辞的责任。为此，我们根据《国家职业教育改革实施方案》中提出的"促进产教融合　校企'双元'育人"等文件精神，联合服装领域的相关专家、学者及优秀的一线教师，策划出版了这套高等职业教育服装专业信息化教学新形态系列教材。本套教材主要凸显三大特色：

　　一是教材编写方面。由学校和企业相关人员共同参与编写，严格遵循理论以"必需、够用为度"的原则，构建以任务为驱动、以案例为主线、以理论为辅助的教材编写模式。通过任务实施或案例应用来提炼知识点，让基础理论知识穿插到实际案例当中，克服传统教学纯理论灌输方式的弊端，强化技术应用及职业素质培养，激发学生的学习积极性。

　　二是教材形态方面。除传统的纸质教学内容外，还匹配了案例导入、知识点讲解、操作技法演示、拓展阅读等丰富的二维码资源，用手机扫码即可观看，实现随时随地、线上线下互动学习，极大满足信息化时代学生利用零碎时间学习、分享、互动的需求。

　　三是教材资源匹配方面。为更好地满足课程教学需要，本套教材匹配了"智荟课程"教学资源平台，提供教学大纲、电子教案、课程设计、教学案例、微课等丰富的课程教学资源，还可借助平台组织课堂讨论、课堂测试等，有助于教师实现对教学过程的全方位把控。

　　本套教材力争在职业教育教材内容的选取与组织、教学方式的变革与创新、教学资源的整合与发展方面，做出有意义的探索和实践。希望本套教材的出版，能为当今服装设计职业教育的发展提供借鉴和思路。我们坚信，在国家各项方针政策的引领下，在各界同人的共同努力下，我国服装设计教育必将迎来一个全新的蓬勃发展时期！

高等职业教育服装专业信息化教学新形态系列教材编委会

前 言

FOREWORD

　　服饰是一个国家的文化表征，体现着一个国家的文化发展水平。服装设计集艺术、工程、销售于一体，并不是单纯的艺术教育，因而对服装设计人员的知识技能提出了很高的要求。我国的服装业目前正由大众品牌阶段向设计品牌时代过渡，正力图实现从世界服装生产大国向世界服装设计强国的转变。创国际品牌、提高产品附加值有赖于我国服装业的整体发展水平、设计研发能力等的提高，需要深厚的人文底蕴和历史积淀，更需要大量高素质的专门人才。

　　为适应当前高职服装专业的教学，培养专业设计人才，我们加大力度进行课程整合，抛开了传统的知识体系，以职业岗位活动为依据设计项目与任务。课程内容保持了职业活动的特殊性，打破了知识体系的完整性。只有在项目任务完成之后，才将活动过程中的知识进行系统梳理，得到相对完整的系统知识和定量理论。项目教学法的一个主要特征是成果导向工作和学习过程设计；另一个特征是学习的跨学科性，即所运用的知识、解决方案以及学习结果涉及多个专业领域。相对于传统的教学而言，项目教学具有以下突出特征：学生自主负责实施完整的设计方案；学习的最终目的在于完成具有实际利用价值的成果与技能；为了完成作品，学生要把不同专业领域的知识结合起来。教材的整体编排体现了高等教育课程改革的精华理念，做了一些创新性的探索，并取得了良好的应用效果。

　　按照行业的发展与学科建设的需要来培养人才，是我们一直追求的目标。本教材力求使学生能从服装设计的基础理论与基本方法入手，逐步深入设计实践，同时也希望对从事服装设计的专业人员有一定的参考价值。

　　本教材在编写过程中引用和参阅了国内外相关典籍，有些图片囿于时间、人力、物力原因未能一一注明出处及作者，在此向这些作者表达最诚挚的谢意和歉意。由于编者水平有限，书中难免会存在不妥之处，恳请各位同人、专家及广大读者批评指正。

编　者

目录

CONTENTS

第一章
服装与服装设计概述

了解服装的起源、含义和构成要素，掌握服装设计的基本知识、概念及内容。

充分认识设计师应具备的素质，并按照设计师的条件和标准进行设计能力的培养。

第一节　服装的内涵

　　服装是人类生活最基本的需求之一，它在人类精神生活和物质生活中占有重要的地位。从人类学的观点来看，服装以其特有的功能而成为人类生活的必需品。从美学观点来看，服装是人体着装后的一种状态，它通过人的气质、形体、肤色与服装的色彩、款式、材料的质感进行组合形成和谐的美感，达到包装、美化人体的目的。从文化学的观点来看，服装承载的物质文化和体现的精神文化构成了服装文化，属于大众文化范畴，人们对服装的选择也体现了其自身的文化素质与修养。

一、服装的起源

关于服装的起源，由于研究者的立场和出发点不同，得出的结论也不同。可从不同的角度去理解和看待服装的起源，归结起来具有代表性的起源说有保护说、遮羞说和装饰说。

1．保护说

保护说从生理的角度出发，认为人类在自然环境中生存，为了抵御自然界中存在的危害人类的因素，如风霜雨雪的袭扰、昆虫鸟兽的侵扰以及人类相互间的争斗损伤等，需要用东西遮身护体、御寒防害、适应气候和环境的变化，实现对自身生理保护的目的。人类起初是用树叶、树皮、兽皮、羽毛等保护自身，后来渐渐采用纤维从而产生了服装。服装成为人类对抗和适应自然、防护和保护自我的产物，这是服装最基本也是最原始的起源。

2．遮羞说

遮羞说认为服装起源于人类的道德感和性羞耻，来源于宗教和社会礼教。在《圣经旧约全书》第一篇《创世纪》中，亚当和夏娃的故事说明了服装遮羞说的含义。上帝创造了人类，又用亚当的一根肋骨创造了夏娃，亚当和夏娃起初是无忧无虑、赤身裸体地生活在伊甸园中。由于蛇的引诱，他们偷吃了善恶果，懂得了善恶、真假和羞耻，于是用无花果的叶子遮羞。上帝知道后将他们赶出伊甸园，这才有了人类。人类两性的生理差别使人类产生了羞耻感，因而服装来源于人类要求遮羞的心理。事实上，在现代社会，这种服装起源说似乎很容易被接受，但是有研究说明这种遮羞说作为服装起源的理由是不准确的，而且对于人类应该遮哪个部位，不同文化背景和不同种族有着不同的看法，因此可以说遮羞不是服装产生的原因，而是服装产生的一种结果。

3．装饰说

装饰说认为服装的起源来自人类的爱美本能和创造地表现自己的心理冲动，其中包括护符说、象征说、性差说和审美说。

（1）护符说。

原始生产力在伟大的自然界面前显得非常落后，以至于人们想借助神奇的精神力量与之对抗，并把精神分离于肉体而独立存在，即灵魂。他们寄希望于灵魂，并且认为灵魂有善恶之分，善灵可以给人类带来幸福和欢乐；恶灵则会给人类带来疾病和灾难。因此原始人用绳子把一些特定物，如贝壳、石头、兽齿、果核等自然界的东西戴在身上，以示保佑和辟邪。他们相信这些戴在身上的护身符具有无形的超自然力量，人类因此可以得到保护，这种自然崇拜和图腾信仰逐渐演化成为某种饰品饰于人体之上（图1-1）。

图1-1　印第安人的头饰品

（2）性差说。

性差说认为人类之所以要用衣物来装饰自己，是为了吸引异性的注意和好感。格罗塞在《艺术的起源》中说："原始人类的身体遮护首先而且重要的不是一种衣着，而是一种装饰品，为了表彰自己以吸引异性的注意并得到喜爱。"性差说认为吸引异性的目的是服装产生的真正动机和首要原因。

（3）象征说。

象征说认为最初佩挂在人身上的物体是作为某种象征出现的，原始社会中的族长或酋长、勇士、强者为了显示自己的权威和力量，将一些颜色鲜艳、形态醒目或特别稀有的物体，如动物羽毛、猛兽牙齿等装饰在自己身上。印第安人在颈后插一根装饰羽毛或在皮靴跟拖一条狼尾，不是为了美观而是为了显示其较高的地位；原始土著民族的文身、疤痕和毁伤肢体等都有标志年龄和社会地位的作用。

（4）审美说。

审美说认为服装起源于美化自我的愿望，是人类追求美的体现。科学家通过实验验证了人类甚至一些比较高等的动物都有一种属于本能范畴的、对明显美的事物的良好感觉，只有人类把潜在的对美的事物的好感上升到自觉的审美意识。在漫长的进化中，随着人类智慧和能力的进步，审美能力也在逐渐提高，这种动机不仅有可信的事实依据，而且贴合人意，是一种比较普遍的说法。

二、服装的含义

服装的概念可以从广义和狭义两个范畴来理解。广义上的服装是指附着于人体之上的可见的物体，也就是穿着于人体之上的物品总和，包括衣、帽、鞋、袜和其他装束。广义上的服装在材料上不限于纺织物，一切与人体相联系的物质形态都属于服装的概念范畴，是服装的组成部分。从广义上定义服装概念，可以拓宽我们的思路，使我们突破传统观念的束缚，尝试从新造型、新材料或新的搭配方式上探索并创造服装的新形式，使服装设计的范围更为广阔（图1-2）。

图1-2　广义上的服装概念能拓展设计思维

与服装相关的概念还有衣服、被服、服饰（图1-3）、成衣（图1-4）、时装（图1-5）、装束等。相对而言，"服装"一词更具有概括性，更常用。

图1-3　服饰

图 1-4 成衣　　　　　　　　　　　　　　图 1-5 时装

三、服装的物态构成要素

要解决服装设计的基本问题，首先要了解构成服装的要素，特别是基本要素，并且厘清它们之间的关系。影响服装构成的因素有很多，其中服装的物态构成要素包括设计、材料、制作。

1. 服装的物态构成要素

影响服装面貌的原因有很多，如历史、宗教、法律、道德、地域、文化、经济等物质的和精神的东西都可以使服装产生变化，但服装的物态构成要素也可以称为服装的核心构成要素。

（1）设计。

设计是服装产生的第一步，它限定了服装材料的选择和服装的制作手段。没有设计环节，就没有服装的确定。服装设计包括两个方面：服装造型设计和服装色彩设计。服装造型设计构成服装廓形和细节款式，为服装材质的选择和制作工艺提供依据；服装色彩设计体现服装的色彩面貌，为服装材质的表面肌理和图案的色彩效果确定意向。造型与色彩相辅相成，在设计过程中既可先进行造型设计再配以适当色彩，也可先提出色彩方案再配以适宜的造型，重要的是设计的视觉效果（图 1-6）。

（2）材料。

材料是服装的载体，是体现设计构思的物质基础和服装的制作对象。没有材料，设计创意再完美也是虚幻的。高新技术的发展为服装产品带来了崭新的材料，并为产品设计提供了宽广的表现天地，刺激着服装的设计灵感，改变着服装的外观。服装材料有面料和辅料之分，面料是构成服装的表层材料，决定着服装的质地和外观效果；辅料是配合面料保证服装内在质量和细节表现、完成服装物质形态支撑的辅助材料。尽管面料的作用居主要地位，但辅料的作用也不容忽视。当然，面料与辅料的选择必须与设计意图相吻合（图 1-7）。

图 1-6 强调设计

（3）制作。

制作是根据设计意图将服装材料予以物化的加工过程，是服装产品形成的最后一步。制作包括两个方面，一是服装结构，也称结构设计，是对设计意图的平面解析，以进行合理的裁剪，实现服装的物理性能；二是服装工艺，借助于手工和机械将平面的服装裁片进行缝制，加工成服装成品，其制作工艺决定着产品的质量。通常准确的缝制来源于准确的服装结构，精致的服装工艺是演绎结构的前提，完美精确的结构设计如果遇到不负责的低水准制作，将影响服装成品的外观效果，而高水准的工艺师常常可以在制作过程中修正一些小的结构错误，因此服装界有"三分裁，七分做"的说法，道出了制作对设计物化的重要性（图 1-8 ）。

图 1-7　强调材质

图 1-8　强调制作

2．服装物态构成要素之间的关系

服装产品的产生是多方合作的结果，这符合现代工业生产分工细化的特征。从某种意义上讲，强调设计至上而忽视材料和制作，采用过时的材料和粗糙的工艺将无法实现设计的本意；强调材料至上而忽视设计和制作，采用落后的款式和不良的工艺会使人为面料而叹息；强调制作至上而忽视设计和材料，会使人对不时尚的款式而产生厌倦。可见服装的物态构成要素之间是相辅相成、相互制约的关系，在设计时必须对这三个要素同样重视才不致出现差错或导致失败。

第二节　服装设计的基本知识

服装设计是一门综合性的艺术，服装设计的基本知识包括服装设计的基本要素、服装设计的特点、服装设计的条件、服装设计的审美、服装设计的基本程序等。

一、服装设计的基本要素

服装这门综合性的实用艺术，体现了材质、色彩、款式、结构和制作工艺等多方面结合的整体美，从设计的角度看，可以把款式、色彩、面料称为服装设计的三大构成要素。

1．款式

服装的款式指服装的内部和外部造型，是从造型角度呈现的服装形式，款式设计的重点包括外轮廓结构设计、内部线条分割细节设计和零部件设计等。

外部轮廓决定服装造型的主要特征，服装外部轮廓原意是指影像、剪影、倒影、轮廓，被服装引申为外形、外廓线、大形、廓形等含义。外轮廓是一种单一的形态，无论款式如何新奇、结构如何复杂，首先映入人们视线的都是外轮廓线，它能非常直观地传达服装的最基本的特征，且每季服装的流行变化都以外轮廓的确立而展开（图1-9）。

服装上的线条和结构线就是缝合前裁片的结构线和分割线或造型线，它们顺应人体的曲线特征，塑造着人体的结构美，如省道线、公主线、背缝线等都是形成立体效果的重要线条。结构线运用得恰到好处可以更好地融合结构及表现装饰性，体现服装的简练、高雅，符合现代审美观（图1-10）。

服装的零部件也是构成服装款式的主要内容，一般指领型、袖型、口袋、腰节和腰头、纽扣及其他附件。零部件的设计既要强调功能性和装饰性，又要使其布局效果符合美学原理和结构原理，以完善服装的整体艺术效果（图1-11）。

图1-9　典型外轮廓

图1-10　结构线对服装造型的影响

图1-11　套装部件与
整体风格的统一美

2．色彩

服装中的色彩给人以强烈的感觉，带给人不同的视觉感受和心理感受，从而使人产生不同的联想和美感，色彩强烈的性格特征也使服装具有传递各种情感的作用，如白色的纯洁高雅、红色的热情华丽、绿色的自然清新等。因此设计服装时要根据穿着场合、风俗习惯、季节和配色规律进行用色，所选用的色彩、色调以及色彩搭配等都要经过反复推敲，力求体现设计效果，实现设计目的（图1-12）。

服装纹样是指服装上体现的图案，是服装色彩变化非常丰富的部分。"图案"一词是20世纪初从日本词汇中借用过来的，其主要含义是"形制、纹饰、色彩的设计方案"。我们可以把图案理解为对自然景物、几何形体的提炼与表达。服装上的纹样按工艺可分为印染纹样、刺绣纹样、镶拼纹样等；按构成形式可分为单独纹样、适合纹样和连续纹样等；按构成空间可分为平面纹样和立体纹样；按素材可分为动物纹样、花卉纹样和人物纹样等。纹样以其自身的斑斓修饰、渲染、烘托、升华着服装之美（图1-13）。

3．面料

在服装设计中，款式造型设计与面料密不可分，服装款式的结构与特色主要通过面料得以展示，没有面料就无法展现服装的穿着效果。面料的滑爽、挺括、硬朗、柔软、悬垂、丰满、蓬松、活络等效果影响着服装的设计风格，面料的舒适性、透气性、保型性等物理性能也影响着消费者的消费心理。合理运用面料的质感或二次造型的肌理会使服装的实用性和审美性完美结合，进而提升服装的品质（图1-14）。

图1-12　服装的色彩美　　　　　　图1-13　服装的纹样美　　　　　图1-14　强调质感

二、服装设计的条件

构思是对整体设计的把握。在服装设计中，设计师可以充分发挥想象力，构思人们在不同的特定场合下的形象，如休闲逛街的少女、高档写字楼里的白领、参加商业洽谈的精英等，此时设计师必须依据以下要素进行设计，简称5W 1P原则。

1．穿着对象（Who）

服装的美依赖于人体的表现，俗语的"量体裁衣"就是广义上对着装者和服装之间密切关系的理解。设计师在设计服装时要考虑着装者的年龄、性别、职业、爱好、体型、个性、肤色、发色、审美情趣、生活方式、流行理念等综合因素，尤其在表现自我、凸显个性的时代更应注重体现着装者的内在美与外在美。

2．穿着时间（When）

服装的时间性很强：首先在设计服装时不仅要区别时令季节，即一年四季中的春、夏、秋、冬，而且要区别具体时刻，即一天中的白昼与黑夜。不同季节、不同气候、不同时间段都有着不同的款型特征。其次我们经常会把正在流行的服装称之为"时装"，时装不同于常规和传统服装，它包含时尚性和流行周期等内在因素，现代的消费意识使时装流行周期越来越短，因此时间性被视为时装的灵魂。

3. 穿着场合 （Where）

场合是指地点或环境因素。场合有两层含义：一是自然条件下的地域，由于地域的差异，自然景观和历史背景产生的不同使服装也呈现出不同的文化内涵和时尚倾向；二是社会条件下的场合，人们生活在纷繁复杂的社会环境中，与社会结构的各部分保持着相对均衡与和谐的关系，社会的各种活动场合有着各自特定的内容，因此需要着装者与场合相协调，如出席会议、参加庆典、应聘等场合需要考虑着装的效果。社会条件下的着装要求会超过自然条件下的着装考虑。

4. 穿着目的 （Why）

从服装的起源到现代服装，一直在追求服装的功能性与审美性的统一，设计者除了要强调服装的安全性、舒适性、功能性外，更要讲究其审美性、时代性、民族性等特征，这是社会进步的需要。着装得体既是尊重别人，也是尊重自己和展示自己。

5. 穿什么 （What）

消费者穿什么也是设计者设计的中心内容，服装是社会与个人联系的纽带，大众消费者对服装的要求既要实现自我、表现自我，又要被社会大多数人认可，如何选择、如何搭配的问题既可以体现设计者的设计理念和完美构思，又可以反映着装者的时尚品位和审美水准，所以设计者在设计时要在服装中给消费者留有空间，也就是说服装不仅要有设计特色，还要有多种搭配的可能性，以便消费者更好地装扮自己。

6. 价格 （Price）

服装设计有别于纯艺术，它以市场的接受和消费者的认可体现价值。好的设计应做到以最低的成本创造最优的审美效果，在追求实用和实现审美结合的前提下控制成本，使产品具有最强的市场竞争力。但对高级女装来说，控制价格的空间较大。

三、服装设计的审美

服装设计的审美可从以下几个方面进行。

1. 整体美

服装整体效果所具有的和谐统一的美感称为服装的整体美。首先，服装的内容和形式要完美结合，即服装的造型、面料、色彩、装饰、工艺等各要素间的组合应恰到好处；其次，服装的着装状态也要体现出美感，要尽情地展现出着装者的风采；再次，服装在整体搭配上也要协调统一，有时一件衣服看起来很完美，但若搭配不当就会破坏整体效果，反之如果一件普通的衣服运用良好的搭配技巧则可表现出完美的效果。

2. 造型美

任何一款服装都体现了某种造型，服装离不开造型，造型具有丰富的文化艺术内涵。在造型设计过程中，首先应依据艺术所追求的形式美法则，对造型要素和设计语言等内容进行合理安排，进而达到统一、对比、协调，无论是外轮廓还是内部结构分割都应和谐而具有美感。

3. 着装美

所有服装都以塑造人体美为前提，其他方面的服装美也是形体与服装结合的结果。消费者在选择服装的过程中，自然也会考虑到自身的体型、性格、气质等因素，只有服装的美和形体的美找到了契合点才能形成着装美。

4. 色彩美

由色彩因素产生的美感称为服装的色彩美。色彩在服装中起着重要的视觉作用，服装设计在完成造型之后便需要解决色彩的配置问题。服装的色彩美具体表现为两个方面：一是服装本身所具有的色彩美感，包括服装面料的色彩美和服装由搭配而产生的色彩美，这要求设计师具有丰富的色彩美学修养；二是服装与外界的因素，包括肤色、发色、饰品和环境等协调而产生的色彩美感。理论上，颜色并没有好看或难看之分，关键看如何用色，如低纯度的色彩多用于女性夏装的设计；纯度较高、对比强烈的鲜艳色彩多用于年轻人服装的设计；中低纯度的色彩多用于中老年服装的设计；而黑、白、灰则是永久的经典和时尚。

5．材料美

服装材料是服装的载体，由服装材料因素而产生的美感称为服装的材料美。设计师常会因发现新的材料而触发设计灵感，也会因缺少合适的材料而感到为难。就表现内容而言，材料美主要表现在色彩、肌理、塑型性、保型性等方面。材料的肌理是指表面因织造或再创造而产生的纹理效果。面料的肌理、柔软性、悬垂性、光感和质感代表着材料的风格，同时辅料的功用同样不可忽视。上述因素都是设计师在服装设计过程中必须考虑的。

6．流行美

因服装的流行因素而产生的美感称为服装的流行美。流行因素很多，一般说的流行，主要是指款式、色彩、面料这三个因素，大多数服装都存在一个流行的问题，许多消费者在消费时也会从流行出发，因此流行也是服装的审美标准。如果评判者懂得流行知识，掌握准确的流行信息，在看到服装时就容易产生审美上的认同，否则会产生审美上的不确定或否定。

7．工艺美

服装的工艺美是指由服装的工艺因素而产生的美感。工艺水平的高低直接影响到设计意图表达的正确与否。工艺有其特有的魅力，有时我们会因服装工艺的精湛、美妙而选择服装。设计师也会在确定了材料之后，依赖精致的工艺体现设计效果。工艺之美关键在于创新，科学技术的发展为服装带来了新型机械加工方法，使现代服装在领角、扣眼、袋口、定型、刺绣装饰等细微之处体现出新技术之美。

8．机能美

服装的机能就是指服装的功能，如防护功能、储物功能、健身功能、舒适功能等。服装的机能美也是设计的一个重要方面，内衣如果使用不透气、不吸湿、不柔软的化纤面料，将难以让人接受；消防员的工作服如果不用隔热阻燃面料就失去了作用；宇航员的服装如果没有特殊功能就达不到航天标准。可见在服装设计中，服装是否具备应有的机能性或能否达到机能标准是评判服装优劣的重要方面。

事实上服装的审美远不止于此，这里只从基本的角度对服装进行了衡量，除此还涉及历史学、心理学、社会学等方面的知识，服装审美是一个比较高级的认知和鉴赏活动，要求服装设计师具有较高的美学修养。

四、服装设计的实现

服装设计一般从构思开始，接下来进行创意表达，再实施裁剪，最后通过样衣制作来完成。

1．构思

构思是对设计的总体把握，在设计过程中，设计师可以充分发挥想象力，构思一个特定的人物形象，合理地运用设计语言中的造型元素、色彩要素、面料的质感和加工工艺等形成完美的创意构想，随后勾勒出具体的服装形态和着装状态，形成服装效果图（图1-15）。

图1-15　创意构思的草图

2．创意表达

服装画也称服装绘画，是以服装为内容的绘画形式，是服装设计中的表达工具。设计师的创意构思最初是模糊而不确定的，只有通过服装绘画的形式才能表达出设计师的设计构思。服装画又称服装效果图或服装插图，包括传统绘画和计算机辅助绘画两种，设计师尽可能地以各种形式表现自己的个性和设计意图，使设计、构思、表现技巧都富有新意和艺术感染力。生产上的服装画通常分为效果图和款式图两种，设计师必须反复推敲设计款式、材料、色彩、结构、分割和工艺手段。确定好的设计稿必须清晰明了，能够将设计师的意图准确无误地传达给打版师和其他技术人员以便实现工业生产。

3．裁剪

裁剪包括两方面内容：一是分解设计构思，二是对所有材料进行裁剪处理。打版师在这一过程中起着重要的作用，裁剪时要忠于设计师的原意，还要经常与设计师沟通和指导样衣制作，裁剪的方式分为平面裁剪和立体裁剪两种。

4．样衣制作

样衣制作也是服装设计表达的重要环节，能使构思更加趋于合理完整。制作样衣可采用面料和白坯布，工艺简单、面料成本低的服装可直接使用面料；如果制作工艺有难度或面料价格较高，可先使用白坯布制作，待白坯布样衣成型后经检验无误再制成实际样衣。

第三节　服装设计的内涵

服装设计的对象是人，它是美化、装饰人体，表现人的个性、气质、修养和理解美的一种手段。因此服装设计的首要目的是适合功能，美化人体，更好地展现着装者的气质。从宏观上讲，现代工业的发展使服装设计不再是个体行为，而是能够体现工业化生产的成衣设计概念。

一、设计的概念

设计是指创造前所未有的内容和形式的思维和物化的过程。设计所研究的是内容和形式的表达方式，没有内容的形式可以独立于艺术样式中，而没有形式的内容却未必能成为艺术。通常提到设计就会联想到创作，其实创作和设计并不相同。创作是纯艺术品的产生，而设计则是指生活用品的展示。如绘画和服装设计同属于艺术设计范畴，画家可以在画板上不受形式的约束进行创作；而服装设计师则必须考虑生产的可能性、服装结构的合理性等诸多因素。

二、服装设计的概念

服装设计是以服装为对象，运用恰当的设计语言，完成整个着装状态的创造过程。设计的发展是从装饰设计起步，经过生产设计再到生活设计阶段。产业革命使生产力得到空前发展，使人们的生活质量、思维方式和行为规范产生了巨大的变化，由此促进了生活设计阶段的到来，也使服装设计的现实概念得以确立。由于人文思潮、时尚内容、法律道德等多种社会因素的影响，不同历史时期服装设计的手法和内容也不尽相同。

服装设计作为一门综合性的实用艺术，既具有一般实用艺术的共性，又在其内容、形式和设计手法上具有其自身的特点。

三、服装设计的内容

服装设计包括服装的款式设计、服装的结构设计和服装的工艺设计三个方面。在小型服装企业中，这种分工并不明显。在大型的服装企业中则职责明确、分工细致，设计师和技术人员各自独当一面。这也是大型服装公司追求产品设计精益求精的主要原因之一。

图 1-16 款式设计效果图

1. 款式设计

款式设计由造型设计和色彩设计两部分组成。款式设计的中心任务是诠释流行和提供服装设计式样，负责款式设计的就是服装设计师。服装设计师借助自身的美学、绘画等多种技艺，基于人们的生活习俗和消费心理来设计服装（图 1-16）。

2. 结构设计

结构设计的目的是把款式设计的主体形态平面化，把服装的款式图分解成服装衣片结构图，是款式设计与工艺设计的中间环节，没有结构设计就不能实现制作。结构设计的重要性在于既要保证实现款式设计的意图，又要适当弥补款式设计中的不足，同时还必须兼顾工艺设计的合理性和工业生产的可实现性（图 1-17）。

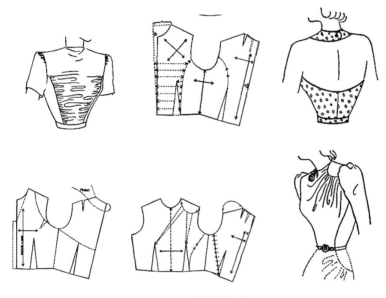

图 1-17 结构设计图

3. 工艺设计

工艺设计的任务是把结构设计的结果安排到合理的生产规范中。它包括服装工艺流程与产品尺码规格的制定、辅料的配用、缝合方式与定型方式的选择、工具设备和工艺技术措施的选用以及成品质量检验标准等。工艺设计的合理性直接影响到服装的品质和生产成本，服装企业中通常所说的样衣师、工艺师就是负责工艺设计的人（图 1-18）。表 1-1 所示为服装设计各内容的特点和相互关系。

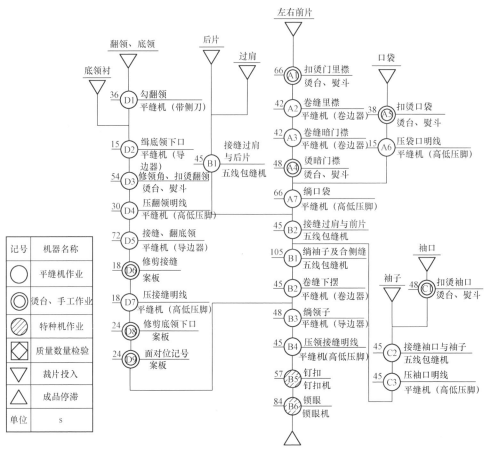

图 1-18　衬衫工艺设计的流程图

表 1-1　服装设计各内容的特点和相互关系

名称	特点	思维运用	表达方式
款式设计	整个设计的先导环节。确定造型、色彩、面料的选择方案和创作构思	借助美术设计和计算机辅助设计形式表达艺术形象思维	服装设计图稿
结构设计	整个设计的过渡环节。关系到款式设计的成败	借助工程制图或实物试验的工程性逻辑思维	平面分解衣片（打板）或立体裁剪
工艺设计	整个设计的实物环节。指导生产、保证品质的手段	制定工艺流程的工程性逻辑思维	文字、符号、图表、标准

第四节　服装设计师的素质和工作

一、服装设计师的素质

服装设计师应具备以下几方面的素质：

1.了解服装史
现代服装的发展呈循环往复的过程，纵观服装的发展史可以发现，每次服装流行都能在历史上找到对应点，服装的流行蕴含着文化行为，是历史的积淀。了解服装史可以在高起点把握服装的潮流，结合现代的设计理念，表现出着装的新形象、新感觉；了解服装史可以使设计师充分认识不同历史阶段的各种不同的相关设计元素，并将其融合成新的视觉形象；了解服装史还可以使设计师从著名的大师作品中得到灵感。

图 1-19　Dior 作品

2．一定的结构工艺基础

优秀的服装设计师应具有一定的结构工艺基础，以更好地把握服装造型，设计出合理的装饰细节。丰富的结构工艺知识和经验有助于设计创造，许多设计大师的作品都是由自己亲手缝制，美轮美奂，堪称精品（图 1-19）。

3．一定的绘画表达能力

绘画表达是体现设计师设计构思的重要手段，设计师将其构思通过绘画或计算机辅助系统进行表达可以使评判者对其服装造型、款式和装饰图案等做出评价，如果没有绘画方式表达，再好的创意也是模糊的，没有明确的效果。有些设计师本身就是绘画艺术家。

4．专业知识

服装设计的专业知识，是指与服装专业相关的学科内容。服装设计学是一门应用性学科，它包括社会科学中的服装心理学、服装营销学、服装商品学、工艺美术史、世界服装史等；自然科学中的服装人体学、服装材料学、服装结构学、服装设计学、染织工艺学等；人文科学中的服装广告、服饰美学、色彩美学、造型美学、美术基础、纹样学等。知识积累越丰富，设计的底蕴就越丰厚，这些知识可以从课堂上获得，也可自学获得，除此还需要许多课堂上学不到的知识和能力，如时尚前沿的信息，对市场极其敏锐的洞察能力，对审美的独特视角，丰厚的美学修养，准确把握流行的超前意识，良好的心理素质，精益求精、锲而不舍的精神等。

二、服装设计师的工作

服装设计师的工作具体来说是以人作为对象，运用艺术手法和工艺技术，创造新的形象和美的形象，或者说服装设计师是通过新的设计来满足消费者购买欲求。在服装公司，设计工作是核心，它关系到企业的兴盛与衰落。现代服装企业的服装设计工作包括 5 个阶段：

（1）风格企划。

对成衣或品牌服装进行整体风格、造型、款式、色彩、面料策划，进行设计定位。

（2）完成设计稿。

根据风格定位创造出具有一定特点的设计效果图。

（3）样衣制作。

经过初步分析，从设计稿中挑选出一部分制作样衣。

（4）样衣的讨论和修改。

召集销售、生产、技术等相关部门工作人员对样衣进行讨论，提出改进建议，并加以修改。

（5）组织生产。

与技术人员沟通，参照样衣制定出合理的生产流程工序。

根据现代服装企业的发展情况和工作程序，服装设计师的工作包括 3 个阶段：

（1）搜集信息。

为使设计作品具有独创性，服装设计师需走出设计室到世界各地调研，为设计提供原始的市场和流行资料，深入挖掘设计灵感，收集设计资讯，参加各地各类性质的博览会，如男装、女装、运动装、休闲装、内衣、服饰品、鞋、帽及面料等博览会。在巴黎、米兰、伦敦等世界时装之都的大型成衣博览会上，可捕捉到最新的时尚信息，如下一季流行的款式造型、风格取向、流行色彩、服饰搭配、最新面料等。

（2）创造设计。

在进行了信息积累之后，设计师可以依据流行趋势和消费者的品位，结合市场因素、销售因素和相关品牌的动向，有针对性地展开构思创作。一般设计师会创作出多幅设计草图，然后从中选出几幅进行加工、完善、确认、做成样衣，此过程应与结构设计师、工艺师协作完成。有时为使设计作品具有市场竞争力，样衣往往需要多次修改、重做甚至重新设计。

（3）销售环节中设计师的工作。

现代服装企业中，服装设计的好坏直接影响到销售的业绩，设计师需要跟踪调查、观察体验、分析交流、建立设计档案，由此积累设计经验以避免设计与销售脱节，失去驾驭市场的能力。表 1-2 所示为服装设计师一年工作流程参考。

表 1-2 服装设计师一年工作流程参考

一月	二月	三月	四月	五月	六月	七月	八月	九月	十月	十一月	十二月
设计初秋时装系列		制作样品	样品进入样品间展示	制作样品	研究春装色彩和面料流行趋势	设计春装系列	制作样品	样品进入样品间展示			研究初秋服装色彩和面料
采购秋冬季服装面料样品，同时设计与构思									制作样品		
做夏装的推广工作		研究秋冬和圣诞、春节等服装色彩和面料	设计秋冬和圣诞、春节等服装		5月下旬至6月上旬间歇期		做秋装的推广工作	研究夏装色彩和面料流行趋势	设计夏装系列		
巴黎春季女装展		欧洲秋季成衣展		德国国际面料展			巴黎秋季女装展		欧洲春季成衣展	德国国际面料展	

思考题

1. 要成为一名合格的服装设计师，应具备哪些素质？
2. 一件好的设计作品所具备的要素有哪些？

课后项目练习

1. 对给出的图1、图2、图3三幅大师作品进行分析，提炼其设计关键点。

2. 自己搜集十款世界服装大师的典型作品，从不同审美角度进行评判分析，并形成文字表达。

图1

图2

图3

✂ 第二章
服装的造型设计

第一节　服装造型要素与形态

一、造型要素在服装上的表现形式

造型是指用一定的物质材料，按审美要求塑造可视的平面或立体形象。服装是用面料完成的软雕塑，由三维空间构成，其造型要素主要包括点、线、面、体四大要素，通过点、线、面、体的基本形式进行组合、分割、排列、积聚等形成形态各异的服装造型。

1．点

造型设计中点的概念与数学中点的概念不同，设计中的点是相对的点状物，有大小、形状、色彩和质地的区别，是造型中最简洁、最活跃的因素，能吸引人的视线，形成视觉中心。服装造型中的点传达的情感更为丰富、真实，既有宽度也有深度，如服装中的纽扣、饰品等。以点的形式出现的造型要素不仅可以创造不同的视觉效果，还可以创造不同的服饰风格和品味。

（1）点的位置与排列。

造型设计中的点由于位置的不同可以产生出不同的效果和视觉反应（图2-1）。

（2）点在服装上的表现形式。

服装设计中点的使用比较广泛，点能够吸引视线，起到强化服装某一部分的作用。

辅料中的纽扣、珠片、绳头等都属于服装中点的运用，既有实用作用又有装饰作用，可成为服装上的视觉中心（图2-2和图2-3）。纽扣因大小、材质和数目的不同可以产生不同的装饰效果，传统西服的严谨挺拔要求纽扣较大、数量较少；衬衫的随意优雅则要求纽扣较小、数量较多。

饰品中的胸针、手镯、耳环、项坠等都可以理解为点的要素，服装上的饰品有其实用和装饰的区别，饰品可以打破服装的单调而产生整体美的效果，饰品也可以因材质、装饰位置与色彩的不同而使服装产生不同的风格和情感特征（图2-4）。

传统服装工艺中的刺绣、扎染、印花等在服装设计中同样具有点的效果，比如面料中的点状花纹会因点的大小、排列、比例、配色的不同而传递出不同的情感，甚至服装商标的不同工艺手法（如刺绣、印染）都会影响到服装的整体效果和设计特色。

图2-1　不同位置的点产生不同的视觉效果

图2-2　以纽扣作为点装饰的服装　　　图2-3　以绳头作为点装饰的服装　　　图2-4　以饰品作为点装饰的服装

2．线

造型设计中的线不是数学概念中的线，它既有宽度也有厚度，有时还会有面积感，不但有不同的形状，还会有不同的色彩和质感，是立体的线。造型设计中的线容易使人展开联想，渗透着性格与情感。由于线的形式千姿百态、变化多端，因此运用在服装设计中可取得丰富的设计效果。

（1）线的形态与性格。

线的形态有多种，如直线、曲线、虚线、实线等。线的组合千变万化，用于服装造型设计中可产生不同的风格和韵味。

直线硬朗、单纯、男性、刚毅；垂线修长、上升、权威、秩序、严格；水平线宽阔、平静、柔和、安定、时而压抑；斜线运动、刺激、轻松、时而不安；曲线流动、柔软、优雅、微妙；粗直线坚强而厚重；细直线脆弱而敏锐；虚线柔和、软弱、不确定。

（2）线在服装上的表现形式。

线是服装造型中不可缺少的要素，线以重复、放射、扭转、交叉等构成形式，展示流动、起伏、虚实、变化的美感（图2-5），线常以造型、工艺手法和饰品的形式出现。

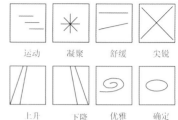

图 2-5　线的不同形式
给人不同的感觉

服装造型设计中的线包括廓形线、基准线、结构线、装饰线、分割线等。廓形线形成服装的整体风格，如A造型优雅，H造型运动，X造型经典；结构线能满足服装的机能需要并形成立体的美感；垂直分割线具有强调高度的作用，给人以修长挺拔之感；水平结构线给人以柔和、平衡、连续的印象，随着横向分割的增加会产生律动感和层次感。

服装上的工艺手法，如嵌线、镶拼、镶边、绣花等形成线的感觉可以丰富服装的造型、增强美感甚至改变服装风格（图2-6）；如晚礼服上用亮片、珍珠或人造宝石缝缀的各种线的形状会使晚礼服产生不同的风格，或柔美优雅，或奢华高贵。

服装上具有线性感觉的饰品如项链、手链、围巾、腰带等也通过其色彩、材质和形状的变化产生不同的视觉效果，拉链、绳带等辅料还会使服装产生运动、休闲或前卫的感觉（图2-7）。

图 2-6　强调装饰线

3. 面

造型设计中的面有厚度、色彩和质感，相对而言是比点大比线宽的形体。从造型要素角度讲，服装总体上面感最强，点和线可以通过与面的互动、呼应打破平面的呆板，形成造型上的补充，如普通、素色、A造型的连衣裙用上一条夸张的腰带就会产生不同的感觉。

（1）面的形态与性格。

面有平面和曲面之分。平面中的正方形稳定、宽厚、延展；三角形中底边长、高度低时安全、笨重、亲切，底边短、高度高时则时髦、尖锐、修长、不安定；三角形倒立时生动、刺激、有张力感；圆有亲和感、静止感；椭圆有变化感、动感。曲面因复杂多变而感觉各异（图2-8）。

人体本身就是由曲面构成的，服装设计的宗旨是用面料实施雕塑、美化人体、创造完美。

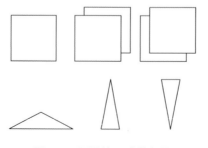

图 2-8　不同的面感觉各异

图 2-7　强调绳带形式

（2）面在服装上的表现形式。

服装造型中的面以重复、扭转、渐变等形式排列组合，使服装具有虚实变化和空间层次感，服装的裁片本身就是面，不同裁片的缝合又构成新的曲面，进而形成了立体的服装。裁片不同的面积、形状、色彩和材质进行搭配就会产生丰富的、富有层次变化的和韵律感的视觉效果，不同色彩和材质的裁片在拼接时面感更强。

服装上的零部件如贴袋、袒领、披肩领等同样具有面感。通过形状、色彩、材质等的变化与服装整体设计相协调，也会使服装形成不同的视觉效果。

大面积装饰图案的材质、纹样、色彩和工艺也可弥补服装面造型的单调感，并形成视觉中心（图2-9和图2-10）。

服饰品中的丝巾、方巾、披肩等面感也很强，创意服装的帽子也具有面感，且有极强的装饰效果，是对服装设计的烘托与补充。

服装工艺上对局部面料的二次造型和在面料上大面积的缝缀也是创意设计的一种手段（图2-11）。

图 2-9　面的设计

图 2-10　块面结合的设计

图 2-11　大面积锋缀的作品

4. 体

（1）体的造型与性格。

造型设计中的体有一定的广度和深度，在服装上有色彩、有质感。服装设计中体的造型不仅是指服装衣身的体感，还指有较大零部件凸出的体感或局部处理凹凸明显的体感，体的造型在服装上易产生重量感、温暖感和突兀感。

（2）体在服装上的表现形式。

对于实用服装来说，体感并不是很强，但对创意服装、舞台服装、华丽繁复的婚纱、风格迥异的晚礼服的设计，体的造型则表现得非常明显。其夸张的造型、重叠的缀饰、变化的褶皱都使服装产生强烈的体积感。而在服装的个别部位上追求突出的零部件也可以创造出前卫、松散、繁复和硬朗的风格。通常体感较强的服装或较为繁复的设计对工艺要求也较高，这样的服装往往不能以平面裁剪方式进行裁剪，需要通过立体裁剪完成（图2-12）。

图 2-12　繁复风格的体造型设计

服饰品中的包袋、帽子等都是体的造型，它们是服装设计中的重要配饰。

二、造型要素的应用

造型要素的应用分单一要素的组合和多种要素的结合两种。单一要素的组合是指在整体服装或服装的个别部位上使用一种造型元素，然后通过这一要素的变化产生丰富的视觉效果，单一要素的组合在视觉上给人秩序感和统一感，可以用在比较严谨正规的服装设计中，但在设计中需要注意造型要素的重复、穿插与层叠运用，以免使服装造型单调、呆板、生硬，流于俗套。多种要素的结合是指用点、线、面、体多种要素塑造服装进而表现丰富的服装造型，增强设计力度，使造型的空间、量感、虚实、节奏、层次达到和谐统一，设计富于艺术感染力和冲击力，多种要素的结合设计要注意符合形式美法则，使设计的整体效果丰富而不杂乱，生动而不尖锐，和谐而不平淡（图2-13）。

图2-13　多种造型要素结合的作品

第二节　形式美法则与服装

美是在艺术设计中经过推敲、整理、提炼，在有统一感和秩序感的情况下产生的。秩序是美的重要条件，美从秩序中产生。如果设计中没有秩序就无法产生美，这种美的形式标准具有普遍意义，我们把美的形式标准称为形式美原理或形式美法则。

19世纪德国心理学家费西那把形式美法则概括为以下几个方面，这些法则也适用于服装设计。

A. 反复（Repetition）与交替（Alternation）；

B. 旋律（Rhythm）；

C. 渐变（Gradation）；

D. 比例（Proportion）；

E. 平衡（Balance）；

F. 对比（Contrast）；

G. 协调（Harmony）与统一（Unity）；

H. 强调（Emphasis）。

一、反复与交替

服装设计中某一造型元素出现两次及两次以上便成为强调对象的手段，称之为反复，如面料上的印花图案反复等。反复既要使各要素保持一定的联系又要注意要素间的距离。距离过近有重复感，过远又显得淡薄。成组的反复就是交替，同质同形的要素进行反复会使画面缺少变化而感到单调；同质异形或异质同形的要素进行反复会使画面富于变化，并产生调和。在服装的不同部位经常出现基本造型的反复，可以使服装产生秩序感和统一感，如时装中腰身的反复抽褶，花边在领边、底摆、袖口的重复使用，同种色彩或花纹的反复出现。如果不能把握造型元素反复运用的设计技巧，可能会造成服装整体效果的不协调和某部分的孤立、突然，使设计失去重心（图2-14）。

二、旋律

旋律也称节奏，原为音乐和舞蹈中的术语，引用在造型设计中，指造型元素有规则地排列所形成的律动美感。

在造型设计中，旋律的形式有多种：

（1）同一造型元素通过同一间隔或同一强度重复产生的旋律称为重复旋律（图2-15）。

（2）近似元素连续变化所产生的具有强弱、抑扬或轻快自由的流动感称为流动旋律。

（3）造型元素按等差或等比的层次渐进、渐减和递进所产生的柔和流畅的韵律称为层次旋律（图2-16）。

（4）造型元素以线为主形成的快捷利落、顺畅自然、没有抵触感和冲突感的流线造型称为流线旋律。

图2-14　相同元素的反复使用产生的秩序感

（5）造型元素由中心向外展开的渐散，或由外向内渐聚而产生的放射律动称为放射旋律（图2-17）。

自然界中海螺的纹理、植物生长的节等都具有旋律感。服装造型的波形褶边、褶裥能产生自然、活泼、轻盈的旋律感；色彩上的强弱渐变和反复交替、不同图案的组合也会产生韵律美；服装裁片的层层叠叠和不同材质裁片的有规则镶拼排列同样可以表现出优美的旋律；淑女装和晚礼服中外廓型舒展流畅塑造的女性优美曲线也是旋律的运用。

图2-15　重复旋律的运用

图2-16　层次旋律的运用

图2-17　放射旋律的运用

三、渐变

渐变在造型设计中是指造型元素按照一定的顺序逐渐阶段性地递增或递减变化，当这种变化形成协调感和统一感时便产生美。

渐变的形式分为规则渐变和不规则渐变两种。规则渐变是指造型元素上的由大到小、由疏到密、由强到弱等，如色彩上的赤、橙、黄、绿、青、蓝、紫的色相排列的渐变。不规则渐变只强调感觉和视觉上的渐变，如色彩上的不规则变化或款式、材质之间无规律的逐渐过渡，或将现实的自然形态经过渐变处理产生的秩序感和美感。

渐变在服装设计中具有平稳优美的效果，如服装单品中的涡形纹样、波形褶边容易产生渐变的效果。装饰图案、装饰线和饰品等通过渐变与服装整体设计形成的呼应和搭配。渐变既可用在单件服装的设计中也可用在系列服装的设计中，如系列服装设计中相同或相近的廓形、内部细节加法或减法的相互关联等（图2-18和图2-19）。

图 2-18　系列服装廓形渐变

图 2-19　系列服装细节渐变

四、比例

比例是指物体的整体与局部、局部与局部之间长度或面积的数量关系，是由长短、大小、轻重、质量等差异产生的，比例美是这种数量关系产生的对比美。

关于比例有多种形式：

（1）黄金分割比。

黄金分割比是古希腊人建造宫殿时发现的带有美感的长度之比，各部分的比值接近0.618 : 1 : 1.618，或近似3 : 5 : 8，这种比例与人体上某些部位之比相接近，如把人体全长定为8个头长，人体以肚脐分为上下两个部分，从头顶到腰节为全长的3/8，从腰节到脚跟为全长的5/8，从腰节到膝盖为全长的3/8。人体各部位的比例正好与黄金分割比例相吻合，我们可以运用这种比例的美感来设计服装中横向分割的各种比例以使服装产生比例美（图2-20）。

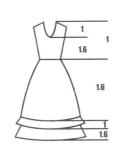
图2-20　黄金分割比在服装设计中的应用

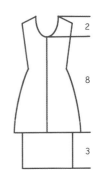
图2-21　斐波那契数列在服装设计中的应用

（2）斐波那契数列。

斐波那契数列是这样一个数列：1、2、3、5、8、13、21、34、58……，这个数列从第3项开始，每一项都等于前两项之和，并且当 n 趋近于无穷大时，前一项与后一项的比值越来越接近黄金分割比0.618（图2-21）。

（3）奇数等差比。

奇数等差比是1 : 3 : 5 : 7 : 9……，这种渐变简洁、明快，可以用在多层次服装的长度比或内部装饰的布局上（图2-22）。

（4）根距比。

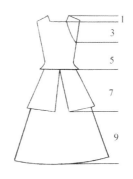
图2-22　奇数等差比在服装设计中的应用

图2-23　根距比在服装设计中的应用

根距比是 $1 : \sqrt{2} : \sqrt{3} : \sqrt{4}$ ……，这种比例用于服装设计中也可以形成层次感和节奏感（图2-23）。

比例是服装上最常用的形式美原理。比例可以用来确定内外造型各部分的数量和位置关系以及服装与服饰品的搭配，服装各层次之间的长度定位、服装上分割线的位置分布等。以上各种比例在服装上出现均可以使服装产生协调的美感。

五、平衡

平衡原本是一个力学概念，用在服装上主要指构成服装的各基本要素之间如色彩、面积、体积等所形成的既对立又统一的空间关系，给人一种视觉上和心理上的安全感和平稳感。在造型设计中，平衡是指感觉上的大小、轻重、明暗以及质感处于相对平衡或均衡状态。

造型设计中的平衡有两种形式：对称和均衡（图2-24）。对称分为单轴对称、中心对称、旋转对称、移动对称等（图2-25）。均衡是指空间距离、数量、间隔、大小、长短、强弱等对立要素上没有等量关系而寻求的平衡方式，其实是不对称元素间的相互补充（图2-26）。

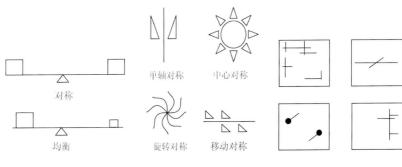
图2-24　平衡的形式　　　　图2-25　对称　　　　图2-26　均衡

在服装设计中，为了顺应人体结构的对称，分割线以及服装上的拼接和装饰经常采用对称形式，如公主线、省道线、领子、袖子、口袋等。对称渗透着朴素、单纯和坚硬严肃的感觉，对称形式的服装自然舒适，给人以平稳感、庄重感（图2-27）。但是，完全对称有时会显得过于严肃生硬，可以通过某一造型要素打破平静形成动静结合的变化效果，如在传统西服上衣手帕袋内插入手帕会给人带来变化感。

均衡形式的设计要求设计师有较高的设计技巧和对美的感知能力，均衡设计在服装设计中更能表现出变化和个性，如不同颜色不同面料的配置，通常是亮色面积较大，暗色面积较小，以取得面积与明暗的平衡（图2-28）。

图 2-27　对称设计　　　　图 2-28　均衡设计

六、对比

对比设计是把质和量不同或相反的要素排列在一起而产生的设计，如直线和曲线、大和小、粗和细、方和圆、黑和白、红和绿等矛盾元素的并置，通过设计要素的差异和对比，在视觉上形成强烈的刺激，给人以清新、活泼、明朗、轻快的感觉。

服装上可以通过款式对比、材料对比、面积对比、色彩对比追求设计变化。廓形上的差异对比、造型元素的排列对比、造型简洁与装饰繁复的对比都能产生对比的美（图2-29）；使用风格或材质不同的面料镶拼或重叠能在视觉上产生刺激效果；使用不同元素和不同色彩的量感对比效果更加明显（图2-30）；色彩配置上的对比如同类色对比、邻近色对比、对比色对比、互补色对比可以形成丰富的变化，或鲜明或模糊，或强烈或轻弱（图2-31）。

图 2-29　造型对比　　　　图 2-30　量感对比　　　　图 2-31　色彩对比

服装中的少女装、运动装、童装等可运用色彩的对比形成运动感和明快感，使设计产生感染力。质地反差大的面料对比运用可以形成前卫风格和休闲风格，造型上的对比如廓形的对比，宽松廓形与紧身廓形、直线造型与曲线装饰的对比具有较强的视觉冲击力，容易产生强烈的外观效果。

七、协调与统一

协调原本是音乐上的术语，指音符间合理的衔接、韵律的完美，如和声与人心理产生的共鸣。移用到服装设计中，就是指当使用两种或多种不同的设计要素进行设计时，要追求要素间的相互配合与和谐关系，使其搭配不至于粗糙、矛盾和混乱，以便在人的视觉上产生和谐感、平衡感，如形状与形状之间、色彩与形状之间、色彩与材质之间、不同的格调之间都能创造出协调的效果。

统一是指在服装设计中对个体与整体关系的调整，是个体服从于整体而产生的秩序感和调和感。

服装设计的构思不是由单一要素完成的，而是由多种元素经过合理巧妙的配置完成的，这样才能产生服装的协调美感。尤其在系列服装设计中，协调的运用比较明显，如色彩配置形成的统一感，廓形相近和造型相似、格调一致的多款服装产生的协调感和统一感。服装设计是通过色彩、款式、面料、装饰等多种元素实现的，各要素运用协调统一时才会使服装具有美感。服装上的统一表现在形态上的统一与支配，是服装整体风格的统一，如服装上下袋的关系、外轮廓与零部件的关系、装饰图案与色彩的关系等形成整体风格的统一；再如服装上经常使用一些装饰手法，如果我们把装饰线或装饰图案作为支配要素用在多套服装上就可以形成系列服装的统一美感。系列服装设计中运用造型、色彩和面料的相同或相近容易形成协调统一的美感（图2-32至图2-36）。

图 2-32　类似协调的效果　　　　　　　图 2-33　对比协调的效果

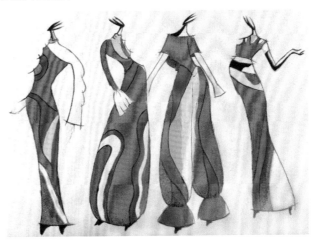

图 2-34　格调协调的效果　　图 2-35　重复统一　　　　　图 2-36　支配统一与中心统一

八、强调

强调部分是指服装设计中最初吸引视线并最突出的设计部分，对这一部分的着重设计会使服装具有较强的吸引力和艺术感染力，形成最佳的设计效果。强调可以集中和转移人的视线，掩饰人体和设计中的不足。强调除了注重服装的美化功能外更注重实用性，如潜水服、运动服、宇航服等。强调色彩容易创造丰富多变的设计效果，突出设计风格，创造艺术美感，如黑色礼服的经典，白色婚纱的灵秀，黑、白、灰职业装的大方和质朴，童装色彩的明快等；强调工艺更多地体现在高级时装和传统服装的精细制作方面，如旗袍的刺绣、镶边等制作工艺，高级女装中的手工工艺等（图2-37）；强调造型能突出一件服装的整体效果，有助于展示人体美，如女装中对胸、腰、领、肩的强调（图2-38）；强调材料可以突出服装的风格和面料及辅料的科技含量，提高视觉性，如裘皮服装；强调配饰可以掩饰设计的不足，突出设计的优点，在现代人的着装中，配饰的作用是不可忽视的。在服装发布会和服装比赛设计中，围绕某一主题而展开的设计，从构思、选料到色彩和工艺以及发布表演现场的场景、灯光、音响等都要与设计主题相呼应。

图 2-37　强调工艺　　　　图 2-38　强调造型

第三节　视错及其应用

一、视错的含义

在设计工作及创造艺术中，观察图形时，在客观因素干扰下或者在人的心理因素支配下，易使观察者产生与客观事实不相符的错误感觉，这就是视错。在服装设计中合理地运用视错可以使设计方案更为完美和富于创意，也可以利用视错的规律来调整服装造型、弥补形体缺陷。

二、视错的种类

常见的视错有形状视错、分割视错、对比视错、面料视错。

1. 形状视错

形状视错：视觉因点、线、面等几何形状之间的相互影响而产生的在距离、方向、角度上的判断错误，这种现象被称为形状视错，或称几何视错。形状视错包括长度视错（图2-39）、形状视错（图2-40）和角度视错（图2-41）等。

竖线比横线长　　第一条横线比第二条长　　右边直线比左边长

图 2-39　长度视错

2. 分割视错

分割视错：同一物体采用不同方向或不同形态的线的分割，会产生不同的视觉效应，这种现象被称为分割视错（图2-42）。

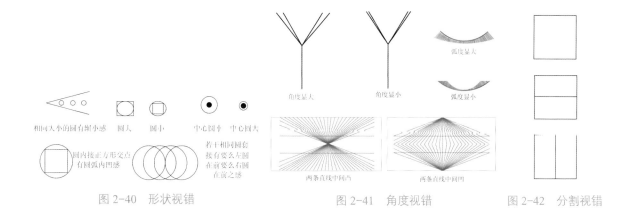

图 2-40　形状视错　　　　　　　图 2-41　角度视错　　　　　图 2-42　分割视错

3．对比视错

对比视错：两个平面结构并列后，相互之间的对比所形成的错觉，这种现象被称为对比视错。对比视错包括形态视错和色彩视错（图 2-43）。

（1）形态视错。

形态视错：人的视觉对形的认识与形的实际形态不符（图 2-44）。

（2）色彩视错。

①色相视错：在不同环境色彩的影响下，色彩原来的色相会发生视觉偏移，任何两种不同的色彩并置时都会把对方推向自己的补色。

②明度视错：同明度的色彩，在

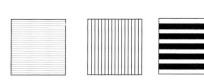

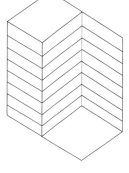

图 2-43　对比视错　　　　　　图 2-44　形态视错

不同环境下使人的感觉不同，在明亮的背景下明度变暗；在较暗的背景下明度变亮。高明度的颜色具有膨胀感，低明度的颜色具有收缩感。

③纯度视错：任何颜色与中性灰色并置时，都会将灰色从中性的无彩色状态改变成一种与该色彩相适应的补色效果。

④冷暖视错：暖色具有扩张感，冷色具有收缩感。

4．面料视错

面料视错：由面料的外观色彩、纹样所引起的视错觉和由质感肌理引起的触觉影响以及由材料组合等方面创造的独特美感。如蓝色的化纤面料显得鲜艳，毛料显得高雅，纯棉面料显得质朴，真丝面料显得华贵，皮革面料显得生硬，明亮且表面蓬松的面料有扩张感，暗色且表面硬滑的面料有收缩感等。

三、视错在服装上的应用

服装设计的目的在于创造服装的美，服装的美表现为两层含义：一是服装是一门综合艺术，它离不开艺术的某些特征，作为技术和艺术结合的产物，服装在材料、造型、款式、工艺等多方面具有美感，从而使服装在外观上和内涵上具有特有的艺术和美学形象。二是服装对于人体的装饰作用，基于人追求美的本能，要求服装不仅本身具有美感，更要注重包装人体，使人着装后具有独特的美感，因此我们可以利用视错规律来调整服装造型，最大限度地弥补形体缺陷。

1．利用视错纠正脸型

在服装中，领型与领围线的造型对脸型影响最大，合适的领型与领围线可以使脸型看起来接近完美，项链和围巾等饰物也可以弥补脸型的不足，如船领、一字领会在视觉上给人以横宽的感觉，可以使长脸变得柔和；高领会使瘦长脸有圆润感；深领口或具有纵向分割的细长领口如 V 型、U 型领可使圆胖脸和短脖颈显得细长从而产生美感；领部使用褶皱、边饰和多重曲线可以缓和脸型的不端庄。

2．利用视错纠正体型

廓形线、造型线、分割线是纠正体型不足的重要手段，垂直线比水平线有显长显高的效果，在造型设计中，使用一条竖线分割时，人们的视线沿着线条上下移动而产生狭长感，使人体显瘦；当使用两条竖线分割时，竖线间距离大显宽、距离小显窄，分割线靠两边显胖、靠中间显瘦。一条分割线能引导人的视线横向移动有增宽感，适合瘦高体型的人，但是当线条大面积或密集使用时，需要考虑线的纵横排列和宽窄，如体胖的人穿横向密集细条纹的服装要比宽条的服装显瘦显高，所以笼统地说瘦高的人不宜穿竖线条的服装，矮胖的人不宜穿横条纹的服装是不全面的。

此外在服装面料上的方格图案为 4 cm 以上的大方格时，有增大体积的错觉，瘦高人穿会显得丰满活泼。小方格图案远看色近看格，能产生收缩形体的错觉，体胖的人穿会显得苗条、娴雅。矮胖的女性穿短裙比长裙显高，A 形或 V 形廓形线也有显高的效果。

在不同环境色彩的影响下，色彩原来的色相会发生视觉偏移，两种不同的色彩并置时都会使对方推向自己的补色，服装设计中常用这种视错创造衬托肤色美，所以穿绿色调的服装，肌肤会显得红润；黑色皮肤穿白色服装会更加精神；胸围小而臀围较大的人宜穿浅淡色上衣配深暗色下装，从而缩小胸围和臀围的差异，使身材显得匀称；脸色黄且黑的人，穿浅色服装会增加病态感，穿黄色或黑色会显得更加黑黄，穿中性灰色衣服会弥补不足。白色、暖色或明度高的色彩具有扩张感，胖人不宜选用；黑色、冷色或明度低的颜色，瘦高的人不宜选用。

对于低肩的体型，除了采用最直接地将低肩垫平或者在款式上夸张肩部设计外，还可以使用拼色设计，较低一端的肩部用高明度有扩张感的面料，较高一端使用与之相反的低明度面料，并尽量避免紧身设计；肩宽的人应避免穿具有泡泡袖、羊腿袖等增加肩部体积感设计的服装，可使用插肩袖使肩部造型显得圆润，或选择悬垂性好的柔软飘逸面料使肩部造型具有收缩感。

腿长的人不适合将裤片进行单纯的纵向分割，而且还要避免使用悬垂性好的或太薄的面料，应尽量选用有横向扩张感的面料，裤子造型以灯笼裤、阔腿裤为宜，裁剪时可以使用横向线分割。腿弯的人不宜穿紧身裤，款式上以挺拔直顺如直筒裤为宜，不宜选用轻薄的面料或有弹性的面料，宜使用稍厚的塑型性较好的面料，或使用条纹比较规整的平行竖条纹或横条纹面料。腿粗的人不宜穿紧身裤，也不宜穿太肥的裤子，装饰不宜烦琐，尽量少用分割线，宜选用垂感强和牢度强的面料加强视觉上的纵长感。

视错对人体的纠正可以体现在许多方面，我们可以对视错进行研究和探讨，并把它运用到服装设计中，创造服装与着装的完美结合（图 2-45 和图 2-46）。

图 2-45　有反转视错的设计　　图 2-46　有立体感视错的设计

第四节　服装廓形设计

服装的外轮廓造型是服装整体效果的体现，决定着服装款式构成的基本风格和时代风貌，对于服装能否流行起着传递信息和指导方向的作用。

一、服装廓形的含义

服装的外部轮廓形态简称廓形或外形，也就是服装的外部造型轮廓，即人体着装后的正面或侧面的剪影，它是服装在空间环境衬托下，摒弃局部的细节和具体的结构，展示服装立体形态的平面整体效果。从视觉心理学的角度来看，服装的外部轮廓能鲜明地显示着装者的身材形象特征，给人以深刻的第一印象，因此服装的廓形设计在服装设计中居于首要地位。从社会学观点看，时装是人们依据时代精神赋予躯体的外部形态，时装的廓形代表着一个时代的服饰文化特征和审美观念，时装的变化也主要体现在廓形上，时装设计也时常把对外轮廓的设计作为设计创新的重点，可以说外部廓形的特征及其深化发展，能反映出社会政治、经济、文化等不同方面的信息，不同的外轮廓能体现出不同的外观效果，给人以不同的审美情趣，无论是紧窄与宽大、合体与松身，还是超长与迷你等，都能使设计者或着装者找到不同的感觉。

二、服装廓形的分类

服装的廓形有以下几种分类方法：

（1）以英文大写字母命名：如 A 形、V 形、H 形、X 形、S 形、O 形、Y 形、T 形、M 形、I 形等，此种分类形象且生动，常以 A 形、V 形、H 形、X 形为主（图 2-47 至图 2-50）。

（2）以几何造型命名：如长方形、正方形、梯形、三角形、球形等，这种分类整体感强、造型分明（图 2-51 和图 2-52）。

图 2-47　A 型　　　　　　图 2-48　V 型　　　　　　图 2-49　H 型　　　　　图 2-50　X 型

图 2-51　椭圆形造型　　　　图 2-52　球形造型

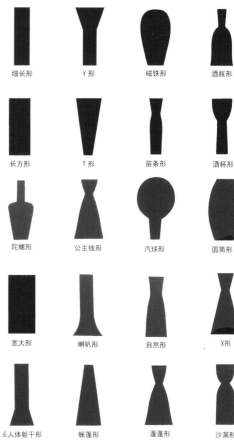

细长形　　Y形　　磁铁形　　酒瓶形

长方形　　T形　　苗条形　　酒杯形

陀螺形　　公主线形　　汽球形　　圆筒形

宽大形　　喇叭形　　自然形　　X形

长人体躯干形　　帐篷形　　蓬蓬形　　沙漏形

图 2-53　典型的服装外轮廓

（3）以具体事物命名：如气球形、钟形、喇叭形、酒瓶形、帐篷形、陀螺形、圆筒形、蓬蓬形，这种分类利于记忆，便于分别。

（4）以专业术语命名：如公主线形、苗条形、自然形、直身形、细长形等（图 2-53）。

三、服装廓形与风格

（1）A 形廓形。

A 形廓形也称 A 形线（A Line）、正三角形或正梯形的服装廓形。这种廓形起源于 17 世纪的法兰西摄政时代，于 1955 年再次流行。A 形廓形通过修窄肩部使上衣适体，同时夸张下摆而构成圆锥状的服装轮廓。用于男装如大衣、披风、喇叭裤等有洒脱感；用于女装如连衣裙、喇叭裙、披风等有稳重、端庄和矜持感。高度上的夸张使女性有临风矗立、流动飘逸的感觉，其变形如帐篷形、圆台形、人鱼形等同样具有活泼、洒脱、充满青春活力或优雅高贵的风格。

（2）V 形廓形。

V 形廓形也称 V 形线（V Line），是上宽下窄如字母"V"的服装外形。这种廓形曾作为第二次世界大战后的军服变形而流行于欧洲，于 20 世纪七八十年代再次风靡世界。这种廓形是通过夸大肩部及袖口、缩小下摆，从肩部往下以直斜线的方式经臀部向裙脚吸拢构成倒圆锥状的服装轮廓。用于男装可以显示刚健、威严与干练的男士风度，用于女装可以表现大方、精干、职业的女性气质。其变化的廓形 T 形、Y 形同样倾向于阳刚、洒脱的男性风格。

（3）H 形廓形。

H 形廓形也称 H 形线（H Line），类似矩形或方形，是直筒状、不收腰形，如字母"H"的服装外形。曾在 1925 年流行过，1957 年法国时装设计师 Balenciaga 再次推出，因造型细长，强调直线有宽松感而被称为布袋式，1958 年再度流行积淀下来。这种廓形运用直线构成肩、胸、腰、臀和下摆或偏向于修长、纤细或倾向于宽大、舒展。多用于外衣、大衣、直筒裤、直筒裙的造型，具有简洁、修长、端庄的风格。其变化廓形中，箱形线条挺直、简练、明快、清新；桶形如椭圆形、蛋圆形或"O"形则柔和、别致、含蓄、丰满。

（4）X形廓形。

X形廓形也称X形线（X Line），是倒正三角形或倒正梯形相连的复合形，类似字母"X"。这种廓形通过细微夸张肩部和下摆收腰而接近人体的自然形态曲线，是较为完美的女装廓形，充满柔和、流畅的女性美，其变形有"S"形、自然适体形、苗条形、沙漏形、钟形等。无论是哪种造型都能充分展示女性的优美舒展，体现女性的柔美和高雅。

（5）细长形。

细长形是裤装的主要形式。细长直筒的造型，强调女性纤细的线条，体现精干、利落的职业女性形象，这种造型由于受简约主义的影响流行于20世纪90年代，成为经典裤装造型。

（6）喇叭形。

喇叭形是指上半身长而直，裙摆在臀部向外敞开的造型，如女裙中的喇叭裙和鱼尾裙等，活泼而奔放（图2-54）。

（7）自然形。

自然形能展示女性柔美的外形曲线，使服装造型与人体曲线呈现一体，其中肩、胸、腰、臀等部位设计均无人为的造型及改变或位置变化，彰显自然、适体与和谐的状态（图2-55）。

（8）蓬蓬形。

蓬蓬形是上半身合体，下半身裙装呈向外蓬松、扩张的状态的造型，婚纱属于此类，端庄、秀美而华贵（图2-56）。

（9）酒瓶形。

酒瓶形是上半身紧窄合体，下半身蓬松向外，呈酒瓶造型，多用于婚纱和晚礼服设计中，尽显女性的柔美与高雅。

（10）磁铁形。

肩部圆顺，上身微鼓，向下至裙摆逐渐收紧，外形呈马蹄铁形状，休闲、自然、轻快。

（11）帐篷形。

帐篷形又称梯形，肩部紧窄，裙摆宽大，形成上小下大的造型，呈帐篷形状，大方、平实。

图2-54　喇叭形　　　　　　　　　图2-55　自然形　　　　　　　　　图2-56　蓬蓬形

（12）宽大形。

相对于人的体型尺寸明显放大，穿着时无体型要求，古希腊的 Toga 服、欧美的 Hip Hop 都属此类，松散、休闲、舒展（图 2-57）。

（13）酒杯形。

肩部稍向外加宽，上半身宽松呈圆形，下半身紧窄合体，整个外形呈酒杯形状，时尚、轻快、优美。

（14）陀螺形。

陀螺形又称木栓形，上半身合体，下半身从腰部逐渐变宽至下腰处收紧，外形呈陀螺状，轻盈、别致。

（15）沙漏形。

腰身收紧，上半身宽松，似沙漏形状，轻松、流畅、自然（图 2-58）。

图 2-57　宽大形　　　　图 2-58　沙漏形

（16）公主线形。

充分利用女性人体结构，运用服装的公主线结构裁剪，形成上身合体、下身裙摆外展的造型，顺畅、雅致、清秀。

四、服装廓形的设计方法

服装的廓形变化离不开支撑服装的几个关键部位：肩、腰、臀、摆。肩是服装设计的主要部位，也是服装造型受限制较多的部位，肩部造型可以体现服装的不同风格，如肩部造型柔顺圆滑可以体现女性的优雅与柔美，肩部造型夸大或起翘则使女装有了些许阳刚之气，若进行过分地夸张则有舞台装和表演气氛等。腰是造型设计变化非常丰富的部位，根据位置的高低可分为高腰、中腰和低腰，根据围度的大小可分为束腰和宽腰。中腰端庄自然，高腰颀长柔美，低腰轻松随意；束腰窈窕纤细、柔和优美，宽腰简洁休闲、宽松自如。臀部也是影响服装廓形设计的重要部位，臀部造型经过自然、夸张和收缩的变化使服装具有不同的外形效果，自然造型大方得体，夸张造型时尚悠闲，收缩造型美观性感。摆是上衣、裙装的底边，是裤装的脚口，是服装长度变化的最敏感部位，摆线的直、曲、圆、规则与不规则、对称或平行都可以使服装产生不同风格的变化。总之，廓形的设计是通过肩、腰、臀、摆的把握和处理来实现的。廓形设计的方法有多种，这里主要介绍以下几种：

1．几何造型法

几何造型法是指利用简单的几何模块进行组合变化，从而得到所需要的服装外轮廓的造型。例如用透明纸做成几套简单的几何形，如正方形、长方形、三角形、梯形、圆形、椭圆形等，把这些纸形放在相当比例的人体轮廓上进行排列组合，直到出现满意的廓形为止，其排列组合的方法有同形形体组合、近似形形体组合、不同形形体组合或套形、重复、渐变处理，形成巧妙、精炼平面构成的形式美（图 2-59）。

图 2-59　几何造型法

2．廓形移位法

廓形移位法是指同一主题的廓形用几种不同的构图、表现形式加以处理，展开想象结合反映服装特征的部位如颈、肩、胸、腰、臀、肘、踝等进行形态、比例、表现形式的诸多变化，从而获得全新的服装廓形，这种廓形设计法既可运用于单品设计也可用于系列服装的廓形设计。

3．直接造型法

直接造型法是借鉴服装立体构成的原理，运用布料在人体模型或模特身上直接造型。通过使用大头针进行别样的方法完成外轮廓的造型设计。这种方法可边设计边修改，边修改边定稿，不仅可以创造较适体或较繁复的外轮廓造型和内部结构造型，还可以培养设计者良好的服装感觉，容易取得不同寻常的造型效果，也为不擅长绘画的设计者提供便利。世界上许多著名的设计师运用这种方法进行设计，如法国著名设计师巴伦夏卡喜欢在模特身上利用布料的性能进行立体造型和裁剪，被称为"剪刀魔术师"。

第五节　服装的设计思维与设计方法

在进行服装的设计思维和设计方法训练之前，我们首先要了解服装的设计灵感与创意。

一、设计灵感与创意

任何创新设计都离不开灵感，灵感有突发性和灵活性的特点。什么是灵感？灵感实际上是潜思维，即潜在的意识表现，是未被意识到的本能、经验和欲望，是一种客观存在的心理现象。通常当大脑处在设计思维状态时，由于相关事物的启发、相关信息的作用以及相关语言的提示即可触发设计思维产生信号素材，这便是灵感。

灵感需要设计工作者主动寻找，可以从有形或无形的世间万物，如变化无穷的自然风景、丰富多彩的民族民间文化、瞬息万变的流行信息以及日新月异的现代科技中触发设计灵感、寻找设计素材，进而进行创作构思活动。服装设计需要强烈的创新意识，要在感受生活、感知世界中寻找设计题材，引发创作灵感。

创意思维的形成是建立在观察与发现的基础上，通过思考与探索进行题材与主题的定位进而实施设计的一系列思维活动，灵感是创作构思的基础。

二、设计思维

设计思维是设计构思的方式，是设计的突破口，常用的设计思维有以下几种：

1．意向思维

意向思维是一种常见的具有明确意图趋向的思维模式，也是一种发散思维模式，是介于具象思维和抽象思维之间的一种思维形式。服装造型设计的意向思维，不像具象思维那样力求逼真精细，也不像抽象思维那样变幻莫测，而是比较侧重"意境"，注重传递神韵、表露气质、渲染色调、抒发情感，通过对事物的分析选择，集各因素之所长，进行重新组合，创造意料之外、情理之中的新形象。意向思维的主要目的是把"意"和"神"作为造型的主导，去进行具象思维和抽象思维，以此创造源于自然、超越自然的意向形态，例如现实生活中没有龙和凤，它们是根据多种爬行动物和禽鸟的局部特征优化聚合而成的，由于符合动物的结构关系和人们的审美需要，因而既合情理又生动美丽，并给人以舒适得体、恰到好处的真实美感。

设计师可以采用意向思维模式展开设计，从设计的目的和要求出发进行多级想象，层层深入分析，找到解决问题的关键，运用大量的设计要素和语言，采用多种设计方法，从各个设计角度使构思不断深化、合理、完美。意向思维在服装设计中通常用于职业装和日常生活装的构思设计。常规的思维方式很容易想到服装应具有的功能、穿用环境、季节和消费群体，并围绕这些要求选择面料，进行款式设计（图2-60），如设计一款礼服，会选用丝质光感的面料、精美的配饰、与着装者浑然一体的巧妙造型等。

2．变异思维

变异思维是一种反常规的思维方式，也称逆向思维。它是指当以原思路无法解决问题时，改变思考角度，反其道而行之，从逆向或侧向进行分析推导，从而使问题得到解决的思维模式。

在服装设计中，用逆向方法构思可以启发思路、拓展思维领域，催生意料之外的设计构思，使设计所表现的形式更有新意，引人注目。事实上，逆向思维就是消除心理上的思维惯性，变换方向和视角，从事物的内部结构进行研究和领会。在服装设计中，从设计、选材到制作都可以运用逆向思维来处理，如服装的非对称设计、夏天的帽衫设计、时装裤门襟裸露设计、牛仔的打磨做旧处理等。采用逆向思维方式可以使设计构思给人以全新的感觉，创造反叛和时尚的服装风格（图2-61）。

3．无理思维

无理思维是一种非理性、随意、跳跃、散漫、具有游戏性质的思维方式。这种思维方式最初没有具体目标，只是打破合理的思考角度，从不合理的思路入手，汇集设计元素、寻找设计语言，进行无道理的组合创新，创造新奇的意境。有时无理思维表现出对规律的质疑，对合理的亵渎，对观念的反对或对规则的破坏，是一种超然、调侃和黑色的幽默。这种思维可以使视觉印象产生错位，给设计增添妖艳和媚俗的美感，如领带在牛仔裤的腰节出现，时装上衣的领口作为底摆，驳领变成腰节等（图2-62）。

图 2-60　常规思维设计　　　　图 2-61　变异思维设计　　　　图 2-62　无理思维设计

三、设计方法

设计方法是指从设计思维的角度创造形态的方法，思维角度不同，设计方法也不同。由于服装设计本身是一个复杂的创作过程，每一个细节都有各自的创作方法，即使使用相同的方法和相同的设计元素进行设计，其结果可能也不尽相同，因此才产生千变万化的设计效果，就服装设计而言，常用的设计方法有以下几种：

1. 调研法

调研法是通过收集反馈信息来改进设计的方法。在现代服装企业的批量生产和上市销售的实用服装设计中，要使设计符合消费者的购买需要，达到产品畅销的目的，市场调研是必不可少的重要环节。调研的目的是发现和保留产品中畅销的元素，以使下一步设计得到改进，满足市场竞争的需要。

2. 联想法

联想法是一种线性思维方式。服装设计中的联想法是以某一概念或事物为出发点，通过接近联想、离散联想、矛盾联想、因果联想等展开连续想象，在联想过程中选择自己所需要的设计语言与设计要素。联想主要是为寻找新的设计题材拓宽设计思路。由于每个人的艺术修养、文化素质和审美情趣不同，因此即使从同一原型展开联想，也会产生不同的设计结果，联想法适用于前卫服装和创意服装的设计。仿生设计是联想设计的典型例子（图2-63）。

图 2-63　联想法仿生设计

3. 反对法

反对法是把原有的事物或思维置于相反或对立的位置上，以寻求突变的效果。在服装设计中可以从造型、面料和工艺等方面进行逆向处理，也可以是题材、风格、观念和形态上的反对，或者是色彩的无序搭配、面料的随意拼接等，这些都是打破常规思维的设计结果，而且是出乎意料的，如领子造型用于底摆、内衣设计用于外穿、外露的缝份用于休闲设计等（图2-64）。

4. 借鉴法

对某一事物有选择的吸取、融汇形成新的设计就是借鉴。在服装设计中，我们可以借鉴的内容很多，如历史服装、民族民间文化、优秀设计作品、服饰品及某种设计局部造型、色彩或工艺等都可以成为借鉴的对象；也可以是不同风格的借鉴，如将传统西服移用到休闲装领域变成休闲西服，使运动服向时装靠拢形成时尚运动装，将原有的设计稍加改变如变换色彩、变换造型、变换材料、变换工艺等也能使设计赋予新意，产生创新的效果；或者把已有的设计作加减处理，依据流行趋势，在追求繁华的年代作加法设计，在崇尚简约的年代作减法处理，使设计产生新的效果。

图 2-64　反对法设计

5. 夸张法

夸张法是把事物的状态或特征进行放大或缩小处理，在趋向极端位置时利用其可能的极限设计方法。夸张的元素可以是领、肩、袖、口袋、衣身等服装中的任何一个，夸张的形式也可以是重叠组合、变换、移动和分解，夸张后的造型度应符合形式美原理（图2-65）。

6. 整体法与局部法

整体法是由整体展开逐步推进到局部的设计方法。设计师先根据服装的风格定位，依据整体轮廓包括款式、色彩、面料等确定服装的内部结构，从整体上控制设计效果，使局部服从整体，局部造型与整体造型协调统一。与整体法相反，局部法是以局部设计为出

图 2-65　夸张法设计

发点，进而扩展到整体的设计方法。这种方法比较容易把握局部的设计效果，设计师从精细的局部造型入手，寻找与之相配的整体造型，同样可使设计达到完美。整体法和局部法适用于实用服装和前卫服装的设计。

7. 趣味法

在现实生活中，有许多令人感觉有趣的事物，它们往往具有与众不同的趣味性，我们可以尝试通过不同的方法把这些有趣的东西用于服装设计中。趣味设计可以通过对趣味性的夸张和对趣味图案的加工运用实现，如伞形的帽子、蘑菇形的裙子、心形的挎包、印染或刺绣的卡通图案等（图2-66）。

8. 限定法

限定法是指设计过程要依据某些限定情况而进行的设计方法。严格地说每一个设计都有不同程度的限定，如成本、功用、尺寸等，这里所说的限定是指对设计要素造型、色彩、面料、辅料、结构和工艺的限定，限定方面越多，设计师越不容易发挥自己的想象，如服装企业因设备的局限性使设计师的工艺无法创新，再如面料色彩的局限性将使造型设计受到很大影响等。限定法常用于成衣和职业装的设计中。

图 2-66　趣味法设计

9. 组合法

组合法是将两种形态、功能、结构或材质不同的服装组合起来产生新的造型，形成新的服装款式的设计方法。组合法一般是从功能角度展开设计的，如将上衣与裙装结合形成的连衣裙、衬衫与背心结合形成的马甲小衫、中裤与长裤结合形成的两用裤等，这种方法适用于实用服装设计中（图2-67）。

10. 追寻法

追寻法是以由某一设计灵感引发的设计联想为基础，追踪寻找所有相关事物进行筛选整理，当一个造型设计形成之后，设计不是就此停止而是顺着原来的设计思路继续下去，把相关造型尽可能多地拓展出来，然后从中选择一个或几个最佳方案的设计方法。设计思路一旦打开，人的思维就会变得异常活跃、快捷，脑海中会在短时间内闪现出多个设计方案，快速捕捉这些方案，可以衍生出一系列的相关设计。追寻法可以提高设计的熟悉程度和应对大量的设计任务，适用于系列服装设计中（图2-68）。

图 2-67　组合设计　　　　　　　　图 2-68　用某一设计元素展开追寻形成一个系列

第六节　服装造型方法

　　这里介绍的造型方法是服装设计中的基本造型方法。服装设计是围绕人、服装、着装状态进行的立体设计，无论服装如何造型，都必须以人为本，保持服装结构与人体形态的协调统一，适合人体运动机能的需要，因而服装造型设计的前提是研究人体和服装的关系。

一、服装造型与人体

　　服装造型的对象是人体，服装不仅要装饰人体美，而且应最大限度地符合人体结构规律和运动规律，使之穿着舒适、便于活动。人体在静态时是三维空间形态，在运动状态下是四维空间形态，人体的这两种状态是服装设计的前提条件。

1. 女性人体结构的特点

　　女性在进入青春期后，生理上会发生很大变化，外形特征逐渐明显，胸部开始隆起，腰围柔软纤细，臀部逐渐丰满圆润，肩窄而斜，渐渐形成了女性形体特有的曲线美。少女体形扁平、瘦长，三围之间差距不十分明显；青年女性体形较丰满，胸、腰、臀差距较明显，胸部高耸、背部挺直、曲线优美；中年妇女体形变化较大，胸部下垂，背部前倾，腹部脂肪堆积隆起，腰围、胸围加大。形成女性体态美感主要体现在躯干和四肢形成的直线与肩、胸、腰、臀形成的曲线上。

2. 男性人体结构的特点

　　男性肩宽，胸部肌肉发达，胯部较窄，腰臀差距较女性小，躯干扁平，腿比上身长，呈倒三角形。男性人体结构由于年龄、胖瘦以及人种的区别而不同。青少年男性躯干挺直，肋骨倾斜度较小；老年男性躯干弯曲，肋骨倾斜度较大；体瘦的男性形态单薄，男性特征不明显；体胖的男性因脂肪堆积而臃肿，也会失去男性的体形特征；西方男性胸厚而宽，身材高大；东方男性胸薄而窄，背部扁平，身材略矮。

　　人体是服装款式造型的基础，人体千差万别，美感各有不同，服装造型的目的就是要彰显人体的美，弥补人体的不足。

二、服装的造型方法

　　服装的造型方法是不考虑面料和色彩的因素，单纯从造型角度进行设计的方法。服装造型是以人体为基础，将材料经过一定的加工制作手段塑造的服装立体形象，常用的造型方法有以下几种：

1. 象形法

　　象形法是把现实形态中的基本造型做符合设计对象变化的设计方法，将其最优的某个特征概括出来，作为设计所需要的造型，予以妙用，如蝙蝠衫、鱼尾裙等（图2-69）。

2. 并置法

　　并置法是将某一造型元素并列放置在服装上的设计方法，因造型元素和排列方式的不同而使造型效果也不同。造型元素的并置和排列需要符合形式美原理才能创造出和谐的美感。

图2-69　象形法设计

3．悬挂法

悬挂法是指在其一基本造型的表面附着其他造型，使被悬挂物游离于基本造型的设计方法，这里被悬挂物通常是指立体造型的物件。这种方法适用于幽默风格与创意服装设计中。

4．镂空法

镂空法是指在基本造型上作镂空处理的设计方法。镂空是指对面料的挖洞、打孔、抽纱，是对服装细节造型和面料的再造。镂空可以打破原造型的沉闷感，产生通透感，多用在前卫风格的服装设计中（图2-70）。

5．分离法

分离法是指将某一基本造型进行分解离散，打碎了原有的整体造型，使服装具有层次感和空间感的设计方法。分离法又分为绝对分离和虚拟分离两种，绝对分离是指被肢解的基本造型间没有连接，虚拟分离是指被肢解的造型间通过透明连接物进行过渡，使服装产生虚实感。

图2-70　镂空法设计

6．叠加法

叠加法是指将基本造型作重叠处理的设计方法，有重叠和透叠之分。厚型面料的叠加有丰富的层次感；薄型面料的透叠不仅层次分明，而且具有较强的虚实动感（图2-71）。

7．发射法

发射法是把基本造型按照发射造型的方式排列。发射造型的方式很多，以旋绕方式排列、以漩涡方式排列以及以放射方式排列均可。在服装设计中，常将部分发射造型用于服装造型或局部装饰中（图2-72）。

8．剪切法

剪切法是一种只作剪切而不剪断的造型处理。与分离法含义不同，剪切的作用是消除服装的沉闷感、增加服装的动感，剪切的位置、大小不同，造型效果也不同。

9．肌理法

肌理法是对面料的表面特征及质地的二次处理，使之表面有一定的空间凹凸起伏效果。追求肌理的方法有缉缝、抽褶、雕绣、镂空、植加其他材料、缝缩或立体布纹等，由于服装肌理表面形式多种多样，因此表现的风格也丰富多彩、各具特色（图2-73）。

图2-71　叠加法设计

图2-72　发射法设计

图2-73　肌理法设计

10. 折叠法

折叠法是将面料进行折叠处理的造型设计。将面料折叠后产生的折痕即为褶，褶有活褶和死褶之分。活褶立体感强，死褶稳定性好，由于造型时折痕大小、折叠方式、位置、工艺处理及方向不同，效果也各不相同（图2-74）。

11. 抽纱法

抽纱法是将织物的经向或纬向纱线抽出的造型方法。抽纱法有两种形式：一是将织物的中间纱线部分抽出使织物外观呈半透明状；二是将织物边缘的经纱和纬纱抽除形成毛边或进行编结处理，从而实现改变服装造型、创造新颖别致的视觉效果。

12. 包缠法

包缠法是以软面料对人体进行缠绕、包裹的造型方法。包缠既可以在原有的服装表面进行，也可以在人体表面展开，这是一种古老的造型方法，包缠的效果既可以光滑平整也可以褶皱起伏（图2-75）。

13. 系扎法

系扎法是指在面料的一定部位通过系扎处理改变服装形态的方法。系扎可分为正面系扎、反面系扎、局部系扎、周身系扎四种。正面系扎立体感强，可以创造前卫；反面系扎含蓄优美，可以展示别样的美（图2-76）。

14. 撑垫法

撑垫法是指在服装内部用硬质材料做支撑或铺垫，以此强调服装某一部分造型的体积感、挺括感、外形效果的庞大与夸张感，使服装的外形效果符合审美标准，这种方法适合于前卫服装与创意服装的设计中（图2-77）。

15. 披挂法

披挂法是通过人体的支撑点把面料直接披挂在人体上进行造型的方法。其具有自然、舒展、飘逸、浪漫的特点。

16. 立裁法

立裁法是在模特身上直接进行裁剪的造型方法，适合于繁复造型和平面不能处理的造型。立裁法可以代替绘画表达环节，在设计过程中可产生奇思妙想，达到意想不到的效果。

以上介绍的是服装设计中常用的造型方法，在设计中，可以使用其中一种或同时使用几种造型方法以增加服装的层次感、体积感，丰富服装的效果，寻找与人的审美心理产生共鸣的契合点。

图2-74　折叠法设计

图2-75　包缠法设计

图2-76　系扎法设计

图2-77　撑垫法设计

审美是一个设计师的基本素养，作为未来的服装设计师，想一想服装设计的好坏应该从哪些角度判断。

服装设计的审美角度

思考题

1. 如何运用形式美法则实现造型设计？
2. 如何运用视错纠正和弥补形体缺陷？
3. 如何启发和积累创意思维的灵感？

课后项目练习

1. 运用点、线、面、体的单一造型元素设计一组服装款式。

2. 分别运用不同的造型方法进行款式设计，每种方法设计三款。

3. 分别运用形式美原理进行服装款式设计，每种方法设计两款。

4. 分别运用形状视错、分割视错、对比视错、面料视错设计四组服装，每组四款。

5. 运用透明纸板做几套简单的几何形，如正方形、长方形、三角形、椭圆形等进行排列形成服装廓形。

6. 用白坯布通过立体裁剪和别样的方式在人体模特上做造型练习。

7. 分别运用调研法、联想法、反对法、借鉴法进行服装款式设计，每种方法设计三款。

8. 分别运用夸张法、整体法和局部法、组合法、趣味法进行前卫和实用服装的款式设计，每种方法三款。

9. 运用追寻法设计一个 5～7 款组成的服装系列。

第三章 ✂
服装面料与色彩

知识目标

　　掌握面料的性能、图案、风格与服装的关系；掌握色彩知识、特征倾向和配色方法在服装上的运用；了解流行色的流行周期、种类、规律和预测方法。

能力目标

　　充分运用面料和色彩的有关知识、服装设计的方法进行服装设计，形成完整的设计图稿。

第一节　服装面料的性能及风格

一、服装面料概述

1. 织物的概念

织物是指以纺织纤维为材料，运用各种方法制成的柔软片状物，是服装设计的物质载体。用于服装的织物有面料和辅料之分。

2．织物的分类

织物的分类方法有很多，常见的有以下几种：

（1）按织造方式分。

①机织物。由经纬纱按一定规律在织机上相互垂直交织而成的织物，其主要特点是经纬方向明确。

②针织物。由一根或一组纱线在经编或纬编机上相互套结织造而成的织物。

③非织造布。由纤维、纱线或长丝用机械、化学或物理的方法使之粘合或结合而成的片状或毡状物。

（2）按织物原料分。

①纯纺织物。由同种纤维原料织造而成。

②混纺织物。由同种混纺纱线织造而成。

③交织织物。交织机织物是在经纬向采用不同纤维的纱线交织而成；交织针织物是以两种或两种以上纱线或长丝间隔针织而成。

（3）按织物风格分。

①棉型织物。用棉纤维、棉型化纤或混纺棉纱线织成的织物，具有棉布的外观和手感。

②毛型织物。用天然毛纤维、毛型化纤或混纺毛纱线织成的织物，有毛型感。

③丝织物。用蚕丝、化学长丝纯纺或交织的织物，有一定的光感和质感。

④麻型织物。用天然麻纤维纯纺或混纺织成的，或者指有天然麻织物风格的织物，有粗犷感。

二、面料的性能与风格

1．棉型织物

棉型织物柔软舒适、吸湿透气、服用性能优良（表3-1）。

表3-1 主要棉型织物特性表

类别	品名	性能、风格与用途
平纹布	平布	布面平整、结构紧密，但缺乏弹性。粗布较厚、粗糙、坚牢，适做包装材料；市布次之，可做衬布；细布光洁、柔软，可做内衣、衬衫等
	细纺	质地细薄似绸，布面光洁，手感柔软，用于高档衬衫、睡衣、刺绣加工等
	府绸	表面有菱形颗粒，质地细薄，柔软滑爽，略带丝绸风格，用于衬衫、童装、被单、手帕等
	巴里纱	质地细薄，布孔清晰，布面光洁透明，手感滑爽，透气性好，用于童装、婴儿装、内衣和睡衣等
	麻纱	布面有宽窄不等的纵向直条纹，外观与手感像麻织物，有较明显的纱孔，吸湿透气性好，用于夏季服装、内衣、童装、睡衣等
	泡泡纱	布面呈现凹凸状的泡泡外观，立体感强，轻薄不贴身，用于夏季衣裙、睡衣、童装等
	牛津布	手感柔软，吸湿透气性好，弹性较好，经纬组织点突起，气孔多，是较好的男女衬衫用料
斜纹布	斜纹布	厚度中等，手感比平布稍厚、柔软，正面纹路清晰、较细窄。用于便服、工作服、学生服和套装等
	哔叽	比斜纹布稍紧密、厚实，纹路宽而平坦、间距较大，用于外衣等
	华达呢	纹路较细，间距适中，软硬、厚薄适中，用于春秋外衣等
	卡其	手感厚实、硬挺，纹路粗壮、饱满，间距小，用于运动服、休闲装等

续表

类别	品名	性能、风格与用途
缎纹布	贡缎	表面光滑，手感柔软，富有弹性，质地紧密细腻。横贡光洁度优于直贡，更富丝绸感，用于衬衫、裙装、童装等
其他	灯芯绒	手感柔软，绒条圆润清晰，坚牢耐磨，保暖性好，用于春、秋、冬季外衣、童装、鞋帽
	绒布	绒毛蓬松细软，保暖性强，穿着舒适，用于内衣、睡衣、童装及外衣等
	牛仔布	密度高，织纹清晰，坚固耐磨，但不耐折边磨，用于夹克、裙装、裤装等

2. 麻型织物

麻型织物有苎麻、亚麻、黄麻、大麻几类织物，产品以纯纺、混纺和交织为主，有良好的透气性和吸湿性，手感滑爽（表3-2）。

表3-2　主要麻型织物特性表

类别	品名	性能、风格与用途
苎麻织物	夏布	穿着透气散热、挺爽凉快、清汗离体，精细的做衣料，粗糙的做衬料
	苎麻布	品质与外观优于夏布，富有光泽，布面紧密，匀净光洁，透气性好，吸湿散热快，用于夏令服装
亚麻织物	亚麻细布	外观有竹节风格，光泽柔和，用于服装、抽绣装饰和巾布类
	亚麻内、外衣布	易皱，尺寸不稳定，内衣布穿着舒适不贴身，吸湿散热快，用于内外衣面料

3. 丝织物

丝织物又称丝绸，其原料有桑蚕丝、柞蚕丝、人造丝和合成纤维长丝等，手感柔软、外观华丽（表3-3）。

表3-3　主要丝织物特性表

类别	品名	性能、风格与用途
纺类（平纹组织）	电力纺	质地紧密细洁，柔软轻薄，光泽明亮。适做方巾、里布、衬衫、裙装
	杭纺	质地厚实紧密，坚牢耐磨，绸面平整光洁，色泽柔和，手感滑爽有弹性，宜做夏季衬衫、裙、裤
	绢丝纺	表面有细微绒毛，不及电力纺光滑明亮，易泛黄起灰，质地丰糯柔软，宜做衬衫、裙装、内衣
绉类（平纹组织）	双绉	表面呈细微鳞状皱纹，质地轻柔有弹性，手感滑糯，光泽柔和，宜做夏装
	碧绉	表面有细小闪光皱纹和稍粗的螺旋状皱纹，光泽亮如碧玉，手感滑润，比双绉略厚，宜做衬衫、外衣、便装
	乔其绉	表面有细微均匀皱纹和明显纱孔，轻薄透明，手感柔爽有弹性，宜做夏季衬衫、裙装或演出服
绸类（平纹组织）	塔夫绸	质地紧密，细洁光滑，手感硬挺，色泽鲜艳柔和，不宜折叠和重压，宜做上衣、礼服、里绸、滑雪衫、羽绒服
	绵绸	质地坚牢，绸面有绵结疙瘩，手感黏柔粗糙，宜做衬衫、裙装、外衣
	双宫绸	绸面有均匀不规则的粗节，质地紧密，色光柔和，绸身挺括，宜做衬衫、裙装、装饰

类别	品名	性能、风格与用途
缎类 （缎纹组织）	软缎	缎面平滑光亮，背面呈细斜纹状，花型多为自然花卉，花纹轮廓清晰，层次分明，质地柔软光滑，宜做女装、礼服、戏装
	皱缎	一面为缎面，明亮光滑，另一面有细微皱纹，平整柔滑，宜做衬衫、裙装、戏装、里料
	织锦缎 古香缎	质地紧密厚实，平挺光亮，色彩绚丽，花纹细致精美，织锦缎颜色在三种以上；古香缎配色三色以内，图案多为古雅山水、亭台楼阁、花卉，宜做女装、礼服、旗袍
绢类（平纹组织）	天香绢	正面为闪光花纹，背面无纹无光，手感滑软，质地细密，宜做女装、童装、装饰品
	挖花绢	有类似刺绣制品的风格，花纹立体感强，不能常洗，宜做高级女装、戏服
	真丝绫	质地柔软光滑，光泽柔和，纹路细密清晰，花色丰富多彩，宜做衬衫、睡衣、连衣裙、里绸、巾饰
	采芝绫	质地中型偏厚，绸面起中小花纹或散花，宜做春秋女装、童装
绡类	真丝绡	绡面微皱，手感略带硬性，质轻，稀薄透明，宜做婚礼服、时装、舞台服、童装
	建春绡	质地轻薄，柔软透明，缎纹条紧密平挺而富有光泽，印花后色泽明暗不一，色泽艳丽，宜做高级女装、礼服
纱罗类	莨纱绸（香云纱）	绸面乌黑发亮，隐约可见绞纱点子暗花，反面呈棕红色，耐晒、耐穿，易洗、免烫，透湿散热快，十分凉爽，宜做亚热带地区的夏季服装
	杭罗	挺括滑爽，手感柔糯，纱孔清晰，穿着透气凉爽，宜做男女衬衫、裤、裙装
葛类	文尚葛	绸面有横凸条纹，手感厚实，正面色光柔和，反面光泽明亮，极富民族感，宜做男女春秋外衣
绒类	乔其绒	绒毛耸密挺立，手感柔软，光泽柔和，宜做礼服、巾饰、花边、民族服饰
	金丝绒	色光柔和，绒毛耸密而短，略朝一个方向倾倒，手感丰满而有弹性，宜做女装或镶边

4．毛型织物

毛型织物以天然动物毛为原料，与其他纤维混纺或交织而成，外观丰满，手感软糯，富有弹性（表3-4）。

表3-4　主要毛型织物特性表

类别	品名	性能、风格与用途
精纺呢绒	华达呢（扎别丁）	呢面平整光洁，手感润滑，丰厚而有弹性，宜做西服、风衣
	哔叽	手感软糯，弹性好，不及华达呢厚实，坚牢，有光面和毛面之分，宜做西服、套装、裙装、学生服
	啥味呢（春秋呢）	外观与哔叽相似，不同的是啥味呢混色夹花，大多有绒毛，呢面光泽柔和，手感柔糯丰润，弹性好，不硬不糙，宜做春秋便装、套装、裙装
	凡立丁	条干均匀，织纹清晰，光洁平整，手感柔软滑爽，透气性好，不板不烂，宜做夏季服装
	派力司	外观呈现夹花细纹，轻薄细洁，手感滑爽、挺括，弹性好，宜做夏季西服、套装
	直贡呢	光泽明亮，呢面光滑，纹路清晰，身骨紧密、厚实，富有弹性，宜做大衣、礼服、鞋帽
	驼丝锦（克罗丁）	光泽滋润，织纹清晰，手感柔滑，弹性良好，宜做礼服、套装
	女衣呢（精纺女士呢）	质地松软轻薄，色彩艳丽，有光洁平整的、绒面的、透孔的、凹凸的，花型多为条格，宜做女套装、晚礼服
	花呢	光泽柔和，富有弹性，手感有紧密挺括的（凉爽呢），也有疏松活络的（板司呢），宜做套装、夏季衣料、西服

续表

类别	品名	性能、风格与用途
粗纺呢绒	麦尔登	结构紧密，表面有细密茸毛，不露底纹，手感丰厚富有弹性，挺括，耐穿，能抗水防风，宜做大衣、西服、披风
	海军呢	质地较紧密，基本不露底纹，呢面丰富挺括，有弹性，宜做职业装、中短大衣、外套
	制服呢	呢面有均匀毛绒，稍露底纹，呢面较粗糙，色泽不够匀净，手感不够柔和，易脱毛露底，宜做秋冬服装、外套、夹克
	女式呢（女装呢）	织物两面有均匀绒毛，但不够浓密，底纹隐约可见，身骨柔软松薄，色泽鲜艳明快，宜做女装
	大衣呢	质地丰富，保暖性好。羊毛品级好的呢面平整，手感润滑，弹性好；品级差的手感粗硬，呢面有抢毛，宜做男女大衣
	法兰绒	呢面丰满细洁，不露底纹，手感柔软而有弹性，有身骨，有素色、混色夹花、色织条格等品种，薄型适做春秋衬衫、裙装，厚型宜做西服、夹克、大衣
	粗花呢	呢面粗厚，坚牢耐磨，色泽鲜艳，花型繁多（人字、条子、格子、圈圈、点子等），宜做春秋冬季男女上衣、西服及短大衣
	大众呢（学生呢）	呢面平整丰满，质地紧密，半露底纹，手感挺实有弹性，易起球、落毛，宜做学生服、秋冬季外衣

5．化纤混纺织物

化纤混纺织物是以混纺原料的比例命名的，比例不同时比例多的在前，比例少的在后，如55/45涤棉府绸是由55%涤纶和45%棉混纺而成；比例相同时按天然纤维、合成纤维、人造纤维的顺序排列。50%羊毛与50%涤纶混纺的华达呢称毛涤华达呢（表3-5）。

表3-5　主要化纤及混纺织物特性表

类别	品名	性能、风格与用途
粘纤及其混纺交织面料	人造棉（棉绸）	质地柔软，光泽感和悬垂感像丝绸。布面匀整细洁，吸湿透气，但易起皱，缩水率大，宜做夏装
	粘/棉平布	布面平整细洁，质地柔软，耐磨性、湿态强度均优于人造棉，吸湿性比纯棉布高，宜做夏季衬衫、裙装
	有（无）光纺	绸面光泽较亮（暗淡），手感平滑（柔软），有光纺织纹较缜密，无光纺织纹较稀，宜做女式衬衫、裙装、戏装和围巾
	美丽绸	正面平滑光亮，织纹清晰，手感滑爽略带硬性，反面光泽稍暗，用作服装里布
	羽纱	绸面斜纹清晰，有丝状光泽。反面无光，呈棉布感。质地坚牢耐磨，布面柔滑挺实，用作服装里绸
	毛粘混纺织物	羊毛混纺比大于70%时，织品表现出类似羊毛的特性；小于30%时，则表现出人造毛织物的特性，宜做春秋外衣、学生装、便服

类别	品名	性能、风格与用途
涤纶及其混纺织物	涤纶仿丝绸	光泽不柔和,手感偏硬,织物爽挺,不起皱,不缩水,穿着有闷热感,宜做夏季服装、舞台服装
	涤纶仿毛织物	短纤维织物光泽和手感不如纯毛织品柔和;低弹丝织物手感蓬松丰满,弹性和保暖性好;网络丝织物毛型感更强,手感丰糯,不易起毛和勾丝,宜做西服、外衣、裙装
	涤棉细纺府绸	较纯棉类质地轻薄,外观细洁光亮,手感柔软爽挺,但舒适性稍差,宜做夏季衬衫、裙装
	涤毛混纺织物	外观与羊毛织物极为接近,光泽、手感都较柔和,挺括、坚牢、抗皱、耐磨,宜做套装、裙装、裤装
锦纶织物	尼龙(呢丝纺)	表面细洁光滑,质地坚牢挺括,弹性和耐磨性良好,手感柔软,色泽艳丽,宜做羽绒服、雨衣、滑雪衫
	锦纶混纺织物	规格与纯毛织品相同,但手感和光泽不及纯毛织品,宜做春秋外衣、风衣
腈纶织物	女衣呢	色泽艳丽,质轻保暖,富有毛感,挺括干爽,宜做女式外衣、衣裙、套装
	膨体大衣呢	织物表面布满一层丰满整齐的绒毛,保暖而蓬松,富有弹性,宜做女式大衣、外套、便服
丙纶织物	超细丙纶丝织物	吸湿透气,手感柔软,滑爽,快干,大大优于普通丙纶织物,宜做运动服、内衣
	丙纶吹捻丝仿毛织物	仿毛感强,风格粗犷,手感粗涩不够柔糯,宜做外衣、大衣

6．针织物

针织物由各种天然纤维、化学纤维或混纺纱线针织而成,织物柔软透气,延伸性和弹性良好是针织物的主要特性(表3-6)。

表3-6　主要针织物特性表

类别	品名	性能、风格与用途
纬编针织物	汗布	布面光洁,纹路清晰,质地细密,手感滑爽,纵横向有较好的延伸性,宜做内衣、T恤、背心、文化衫
	罗纹布	两面都有清晰的直条纹路,横向有较大的弹性和延伸性,宜用于领口、袖口、下摆等处或做罗纹衫、内衣、泳衣
	棉毛布	手感柔软,弹性好,布面匀整,纹路清晰,横向延伸性较好,布身厚实,正反面均呈现正面线圈的外观,宜做棉毛衫裤、运动服、外衣、内衣
	涤盖棉	外观挺括抗皱,耐磨坚牢,内层柔软贴身,吸湿透气,宜做运动服、夹克衫、外套
经编针织物	网眼织物	有一定的延伸性和弹性,透气性好,宜做内衣、外衣、运动服
	丝绒织物	具有机织丝绒的外观效应,用作外衣面料、装饰布

7．天然裘皮

天然裘皮又称皮草,是将动物的毛、皮经过鞣制加工处理而成的,是珍贵的服装材料,其良好的御寒作用和华丽的外观为服装设计师提供了广阔的创作空间。

天然裘皮按皮板的厚薄，毛被的长短、粗细和毛皮的使用价值可分为小毛细皮、大毛细皮、粗毛皮和杂毛皮。

（1）小毛细皮属高级毛皮，毛短而细密。

（2）大毛细皮是一种价格较贵的长毛毛皮。

（3）粗毛皮是毛绒较长的中档毛皮。

（4）杂毛皮的皮质较差，如兔类、猫类、猺类等，但产量高，可做皮衣、皮裤、皮帽、皮饰等。

8．天然皮革

动物的毛皮除毛鞣制加工处理后的皮板称皮革。用于服装的天然皮革按革面分类有正面革、正绒面革和反绒面革；按动物的种类可分为猪革、牛皮革、羊皮革、麂皮等。

（1）猪革。

猪革表面毛孔圆而粗大、倾斜伸入革内，毛孔三五个一组，呈三角形或梅花形图案，表面凹凸不平，外观粗糙，耐磨性好。适用于制作鞋类。

（2）牛皮革。

黄牛皮革表面毛孔呈圆形，密而均匀，粒面光滑细致，富有弹性；水牛皮革表面毛孔粗、稀疏、革质松弛；小牛皮革毛孔小、革质细腻、光滑精致。牛皮革的特点是耐磨耐折、吸湿透气，适用于制作皮衣、鞋靴、箱包等。

（3）羊皮革。

羊皮革表面毛孔呈扁圆形，几个一组，呈鱼鳞状排列。皮革薄而柔软、细腻光滑，延伸性和弹性较好，适用于制作服装、手套、包、鞋。

（4）麂皮。

麂皮毛孔粗大稠密，皮面粗糙，质地坚韧，透气性好，适合做反绒面革；绒面细腻、柔软、光洁、耐磨，是反绒面革中质量最好的，名贵而稀少。适用于制作服装、镶拼、鞋靴等。

除此之外，还有人造毛皮和皮革，质感同天然皮革相比有所差异，但随着科技的发展，其性能逐渐改善，风格也各具特色，用途越来越广泛。

第二节　色彩的基本知识

服装设计离不开色彩，色彩在服装上具有特殊的表现力，它与服装的造型和面料肌理共同构成服装的整体效果。

一、色彩的基本概念

色彩是光线照射物体，反射到人眼，使人眼产生的视觉感，是物体折射的光彩。

自然界中的色彩可分为两大类——无色彩和有色彩。

无色彩指白色、黑色和黑白调和而成的深浅不一的灰色。无色彩只有一个性质——亮度的差异。

有色彩指红、橙、黄、绿、青、蓝、紫等颜色，有色彩有三种属性，即色相、纯度和明度。

1．色彩的属性

（1）色相。

色相即色彩的面貌，是色彩的基本感觉属性，如红色、橘色、黄色等，其中红、黄、绿、蓝、紫五色组成了色彩的基本色相。在色相环上通过把纯色色相等距离分割，形成6色色相环、12色色相环、20色色相环和24色色相环等（图3-1）。在12色色相环上可以清楚地分辨出色相的三原色（红、黄、蓝）以及间色（橙、绿、紫）。

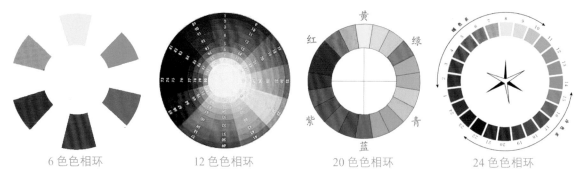

| 6 色色相环 | 12 色色相环 | 20 色色相环 | 24 色色相环 |

图 3-1　色相环

（2）纯度。

纯度即色彩的饱和程度和纯净程度，或者说色彩的鲜艳程度，又称彩度、饱和度、鲜艳度和含灰度。纯度越高色彩越鲜艳，如蓝色，在不加入任何颜色时，纯度最高，色彩最艳，若加入不同程度的灰色，其纯度就会下降（图 3-2）。

（3）明度。

明度即色彩的明暗、深浅的差异程度。如一个颜色加白色越多明度越高，加黑色越多明度越低。在可见光中，由于波长的不同，黄色最亮，明度最高；紫色最暗，明度最低。

2. 色彩差异

（1）原色也称第一次色。红、黄、蓝被称为三原色。原色能混合生成其他色彩。

（2）间色也称第二次色。间色是由两种原色调和而产生的色彩。如红＋黄＝橙、黄＋蓝＝绿、蓝＋红＝紫。

（3）复色也称第三次色。复色是由一种原色与一种或两种间色调和，或者由两种间色调和而产生的色彩。

（4）补色也称互补色。补色是由三原色中的某一原色与其他两原色混合而成的间色之间的色彩，如黄与蓝的间色为绿，绿与红为互补色。

图 3-2　纯度低的色彩搭配

3. 色调

色调是色彩反映的基本倾向，是色彩整体外观的效果特征，按色相可分为红色调、黄色调、绿色调、紫色调等；按明度可分为亮色调、灰色调、暗色调；按纯度可分为清色调、浊色调等；按色彩的冷暖可分为冷色调和暖色调。

二、色彩搭配的方法

1. 同种色的搭配

同种色的搭配是指一种色相相同、明度和纯度不同的搭配组合。因为没有色相的变化，容易调和形成统一感，搭配的关键是加强明度和纯度的对比，以免产生单调和贫乏感。在服装设计中可以通过材料、质感的对比以及肌理的变化，增强整体设计纯净、简洁和动感的效果（图 3-3）。

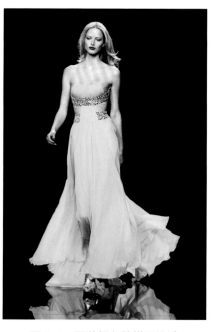

图 3-3　同种颜色的搭配设计

2. 类似色的搭配

类似色是指色相环上相距 30°～ 60° 范围内的色彩，其对比效果微妙、柔和且具有单纯性和统一性，与同种色搭配相比更加丰富。但因其同色彩成分大，需加强明度、纯度对比，增强变化感，是生活装设计常用的配色方法（图 3-4）。

3. 对比色的搭配

对比色是指色相环上相距 120°～ 150° 范围内的色彩。最典型的对比色是三原色红、黄、蓝，其特点是对比鲜明强烈，具有华丽、活跃、刺激的视觉效果。这类色的纯色对比比较强硬，但具有动感，适于运动装、部分舞蹈装和童装的配色设计。但三原色的组合设计会令人紧张、烦躁或产生视觉疲劳，通过黑色和白色进行调节可增加明快感、节奏感。若加入少量绿色、橙色和紫色会使配色丰富有趣。三原色之外的其他对比色组，因有共同色彩的成分，对立感有所减弱。高纯度的对比色不适于成人装，可以通过降低纯度和改变明度，抑制其刺激力，使配色效果色感丰富、气质温和（图 3-5）。如红、黄、蓝通过加入大量白色提高明度，具有浪漫、清新之感。

4. 互补色的搭配

互补色是指色相环上相距 180° 的色彩。纯补色之间没有共同色的成分，形成最强的对比，强烈刺激感官引起视觉重视，满足心理的平衡需求，充实而有动感。高纯度的补色搭配适于时装、运动装、休闲装和特殊工作服的配色设计。通过面积比的分配或黑、白、灰的调节强化色彩的感染力，创造出超凡的效果，丰富而纯熟（图 3-6）。

图 3-4　类似色的搭配设计　　　　图 3-5　对比色的搭配设计　　　　图 3-6　互补色的搭配设计

第三节　色彩的审美特征

服装色彩的视觉心理感受与人们的情绪、意识以及对色彩的认识有密切关系，不同的色彩给人的心理感受是不同的，但是人们对色彩本身的固有情感体会是趋同的。

一、色彩的视觉心理效应

1. 色彩的冷暖感

色彩的冷暖感是色彩对视觉的作用而使人产生的一种主观感受，如红、橙、黄常让人联想到篝火、太阳、热血，因而感觉是暖的（图3-7）；蓝色和白色常让人联想到海洋、冰水，因而感觉是冷的。橙色被认为是色相环上的最暖色，蓝色为最冷色。无色彩中的灰色、金色和银色为中性色，白色偏冷，黑色偏暖。在服装设计中，冬季服装色彩多选用暖色，夏季服装色彩多选用冷色，纯度较高的暖色多用于喜庆气氛中。

2．色彩的进退感

在多种色彩组合的平面里，这些色彩会形成跃动的立体，有的颜色突出，有前倾趋势；有的颜色相对灰暗则有隐退之感，这是色彩在相互对比中给人的视觉反应，如红、橙、黄等暖色系的色彩具有扩张性，是前进色，而蓝色等冷色系的色彩具有收敛性，为后退色。总体说来暖色近，冷色远；明色近，暗色远；纯色近，灰色远。

3．色彩的轻重感

同样的事物因色彩不同会有与实际不符的视觉效果，我们称之为色彩的轻重感。色彩的轻重感主要取决于色彩的明度，明度低的色彩有轻薄感，明度高的色彩有厚重感，如浅蓝、绿、黄有轻盈之感，黑色则有厚重感。最常用的服装配色如上白下黑给人沉稳、严肃的感觉；上黑下白则给人灵活、轻盈的感觉。

4．色彩的软硬感

色彩因明度和纯度的差异会使人产生质感的不同，或柔软或硬朗。明度高和中纯度的色彩给人以软感，明度低和高纯度、低纯度的色彩给人以硬感，色相对软感几乎没有影响。在服装设计中，常用软色表达女性的温柔、优雅和亲切，用硬色设计职业装和特殊功能服装。

5．色彩的兴奋与沉静

色彩的兴奋与沉静会使人产生积极或消极的情绪，这与色相、明度和纯度都有关系（图3-8）。在色相环中，红、橙、黄能使人产生兴奋、激励、富有生命力的心理效应，蓝色给人以沉静、安宁、忧郁之感，绿色与紫色是中性的。

6．色彩的华丽与质朴

色彩因纯度和明度的差异，可以给人不同的层次感，或华丽辉煌，或质朴平实。纯度高或明度高的色彩丰富、明亮，呈华丽感；纯度低或明度低的色彩单纯、浑浊，呈质朴感，但色彩的华丽与质朴是可以相互转化调节的，如金银色的华丽通过黑色和白色的加入可以变得质朴；一般色彩因光泽的渗入即可获得华丽效果（图3-9）。

图3-7　暖色设计　　　　　　　图3-8　明度高的色彩　　　　　　图3-9　华丽色彩

二、色彩联想

看到某一颜色而联想到相关事物并伴随情绪变化的现象称为色彩联想。色彩联想可分为具象联想和抽象联想，如红色让人联想到阳光、烈火，这是具象联想，而它的热情奔放又使人联想到旺盛的生命力，则是抽象联想（表 3-7 至表 3-9）。

表 3-7   有色彩联想

色彩	特征	偏明亮	纯色	偏灰暗	色彩搭配
红色	视觉上有一种扩张感和迫近感，性格外露、热情、活泼、生动和富有刺激	个性柔和，属于年轻人的色彩，尤其受女性喜欢，使人联想到梦幻、快乐、放松、幸福、健康、婚姻、生命、春天、纯情、羞涩等	象征事物的繁盛，使人联想到太阳、火、血，是生命、热情、阳光、强烈、活力、希望、喜悦、幸福的象征	渐趋沉重和朴素的情感	常与无色彩搭配调和，若与其相反色如绿色搭配能最大限度发挥出活力
橙色	性格活泼、炽热、让人兴奋	使人联想到阳光、明朗、喜悦、希望、温柔、爱情、活力等	使人产生温暖感，因明度高而明亮，有金属光泽感，是华丽、阳光、运动、欢乐的表征，带有任性的色彩，是心平气和的颜色	使人联想到丰收、古典、朴素、平静、威严、厚重等	与其他色彩搭配表现出年轻的感觉，与黑灰色搭配显得精神，而与白色搭配则显得无力、低调
绿色	人们最能适应的颜色	新绿、明快、爽朗、清凉感，使人联想到和平、希望、健康、安全、成长等	植物颜色，使人联想到和平、安慰、平静、柔和、知性、亲切、踏实、公平，带有孤独感	使人联想到平静、沉着、幻想、忧郁、深沉等，显得老练、成熟	适合搭配白、灰、褐、灰棕、蓝等
黄色	色彩中最亮，视觉上有一种扩张感和尖锐性，性格浮躁	给人成熟的感觉，使人联想到未来、不安定、兴奋、活跃、年轻等	象征生命的太阳色和春天花朵色，黄金感，代表支配、权力的颜色，与愉快、爽朗相反，象征卑劣、陈旧、病态、轻佻、冷漠、妒忌等	因明度差异给人以不同的感觉，有时觉得沉闷、阴郁，有时则略带神秘感	受欢迎的程度高，中老年人穿此色显得精神焕发，年轻人则显得清新有活力
黄绿色	性格自然、清新	给人以成熟感受，使人联想到嫩芽、新绿、小草、春天、牧场、原野、草地等	柔软而具有朴素感，大自然的色彩，象征生命和爱情	使人感到安定	是青春感觉的色彩，稚嫩而活跃，属于年轻人的专利
蓝色	性格沉静、冷淡、透明、理智	是年轻色彩的象征，使人联想到活力、积极向上的感觉	使人联想到天空、大海所具有的崇高与深远，联想到希望、理想、真理、学问、悠久、沉着、冷静等	明度低的蓝色为老年人所喜爱，有遥远、宽广的感觉，深蓝色则带有忧愁，令人感到寂寞、阴暗、孤独	深蓝色与白色搭配效果较佳，与其他色也易搭配，会因明度的差异而趋于协调

色彩	特征	偏明亮	纯色	偏灰暗	色彩搭配
紫色	性格非常安静，表现出一种孤独感	使人联想到古典、高雅、晚霞、失望、温柔、体贴等，属于宁静、安定的色彩	属于高贵的象征，古代帝王常用紫色以体现其至尊的地位	传统礼仪所采用的颜色，悲伤、迷信和不幸，是消极的色彩	紫色明度的差异较大，淡紫色不宜搭配鲜艳的色彩，蓝紫色或紫红色可与冷暖变化的蓝色和红色相配，紫红和朱红、蓝紫与群青等搭配效果较佳，紫色与黄色搭配视觉明亮
红紫色	性格温和、明亮	娇甜、年轻的色彩，使人想起幼稚、肤浅、轻率、个性、都市、理性、华丽感、性感等	属于积极的色彩，使人联想到皇冠、宫廷、权力、虚荣、刺激、兴奋、高贵等	使人联想到平静、苦恼、忧郁、神秘、古典、浓厚、坚强等	与其他色彩搭配能体现出温柔、高雅、不凡的气质

表 3-8 无色彩联想

色彩	特征	色彩效果		
白色	是必不可少的色彩，本身具有光明的性格特征	给人以光明、和平、纯真、恬静、轻快的印象； 令人联想到善良、纯洁、洁白、神圣、清晰感； 与任何颜色都可搭配； 与纯度高的色彩搭配能体现出年轻活力		
灰色	是白色与黑色的混合色，性格柔和、倾向性不明； 明度高的灰具有白的性格，而明度低的灰具有黑的性格	给人以平凡、消极的视觉印象； 令人联想到高雅、秋天感、温和、单纯、平静、羞涩； 能搭配任何颜色	高明度	春天感、稚嫩、甜美、年轻
			中明度	秋天感、温和、单纯、平静
			低明度	冬天感、朴素、抑郁、厚实
黑色	无光； 是消极的色彩； 能搭配任何颜色	给人以幽深的感觉，是黑暗的象征； 令人联想到寂寞、严肃、恐怖、死亡、沉寂、强烈、神秘、悲观等； 与高纯度的色彩、白色搭配能体现出青春前沿的感觉		

表 3-9 色调联想

色调	联想
纯色调	兴奋、积极、动荡、浪漫、膨胀、伸张、外向、前进、华丽、自由
中明调	青春、律动、明快、愉悦、乐观、跃动、希望
明色调	清净、温和、风雅、简明、开朗、愉快、清澈、柔弱、浮动
明灰调	高雅、恬静、柔美、淡定、随和、朴实、沉着
中灰调	朴实、沉着、含蓄、安定、和谐、稳妥
暗灰调	浑厚、古雅、质朴、安稳、内涵、沉静

续表

色调	联想
浊色调	中庸、悠闲、和谐、不偏不倚、安定、阴郁
中暗调	稳重、理智、孤立、傲慢、保守、严谨、尊贵
暗色调	深沉、坚实、冷酷、庄重、深邃、敏锐、威严

三、服装配色的形式美法则

1. 平衡

平衡是指视觉平衡，是服装色彩要素在视觉心理上获得的安定状态或安全感。色彩的对称平衡容易产生确定的秩序美和严整的安定感，色彩的均衡也称不对称平衡，由于形式的多样性给人以生动而富有情趣的美感。

2. 节奏

将色彩要素按照一定的秩序进行递增或递减变化就形成了渐变的节奏，渐变节奏具有丰富而统一的美感。同一色彩要素的连续重复，或几个色彩要素的交替反复就形成了重复节奏，重复节奏有规格化、程序化的美感。多种色彩要素的对比及形状位置的变化使色彩在视觉上产生了方向性和流动感而形成动感节奏，动感节奏有多元化、自由活跃的动态美（图3-10）。

3. 强调

在较小面积上使用与整体色彩不同的色彩，就形成了强调性配色。强调性配色可以产生强烈的张力，打破单一色彩的单调和平凡，使配色效果鲜明、引人注目（图3-11）。

图3-10　富于节奏的色彩搭配　　　　图3-11　强调色彩在服装上的运用

4. 分隔

在两色间嵌入不同的色彩使其分离就是分隔配色。当配色的主体颜色对比太强或太弱时，使用分隔色介入可以起到调和作用，使含混的配色清晰，使对立的色彩得以缓和。分隔色要与被分隔色保持明度、纯度或色相的差异，以达到分隔效果。在服装设计中通常用黑、白、金、银作为分隔色。

5. 重复

重复是为使配色统一而反复使用其中一个或几个颜色而形成的相互呼应的统一感。不同颜色的重复产生不同的色调感，在单纯色的配色中，重复可以使配色整体呼应，效果丰富，产生节奏而不单调、生硬。重复可以使多色调的配色协调、统一而有秩序美。

6. 统调

为使配色统一而用一个色调支配全体，将复杂色彩中共同的成分提取出来，强调该要素的倾向性产生调和美，即为统调。统调可以从色相、明度或纯度三方面进行；也可以从面积方面实现，或用单一色彩要素统调，或多种色彩要素并用进行统调。无论色彩之间的对立感多强，只要使用某一方式进行支配就可以产生视觉的调和与统一（图 3-12）。

第四节　服饰图案

一、服饰图案的含义

1. 图案

"图案"一词源于日本，其主要含义是"形制、纹饰、色彩的设计方案"。世界上不同国家对"图案"一词有不同的理解和认识。图案可从广义和狭义两方面理解。

图 3-12　统调的调和美

从广义上讲，图案是指为达到一定目的而规划的设计方案和图样。具体地说，图案既是实用美术、装饰美术、工业美术、建筑美术等关于色彩、造型、结构的预想设计，也是在工艺、材料、用途、经济、美观、实用等条件制约下的图样、模型、装饰纹样的统称。从狭义上讲，图案是指某种具有装饰性和一定结构布局的图形纹样。

2. 服饰图案

图案经过抽象变化加工的方法以规则化、定型化的形式使用到服装及其配料上就变成了服饰图案。服装从面料本身的图案到服装上装饰图案的组织构成，是服装设计不可忽视的重要内容。

3. 服饰图案与服装

服装设计通过款式、色彩、材质的搭配组合表现人的风貌，体现其着装风格。服饰图案是服装设计中不可缺少的艺术表现语言。在服装设计中，服饰图案不仅起装饰作用，还能直观地表现设计者的设计理念和情感。服饰图案的自然美和艺术美与服装的色彩、造型、材质和工艺相互协调，浑然一体，使服装形成粗犷、奔放、活泼、洒脱、优雅、细腻、清秀、纯净等多种风格，增加服装的情调，烘托着装者的气质。服饰图案可以强化服装的局部设计，形成视觉中心，也可以弥补款式造型和人体形象的不足，有时甚至可以淡化服装的造型、结构等因素。运用得当的服饰图案，可以与服装的造型、色彩、工艺、材质共同创造服装的艺术美和着装的整体美。

二、服饰图案的分类

1. 按构成空间分类

（1）平面图案：从装饰图案所依附的背景、基础和表现效果来讲，平面图案是以平面为主的二维装饰，如平面喷绘图案。

（2）立体图案：从装饰图案所依附的背景、基础和表现效果来讲，形成立体的三维装饰称为立体图案，如立体花，蝴蝶结等（图 3-13）。

2．按构成形式分类

（1）单独图案：独立存在，其大小和形状没有规律和具体要求的装饰图案，对服装有填充、点缀的作用（图3-14）。

（2）连续图案：在单独图案的基础上作重点排列，是可以无限循环的图案，如二方连续和四方连续的图案。二方连续的图案多用于服装的边饰，四方连续的图案常用于纺织品或面料的染织设计中。

（3）适合图案：组织在一定外形范围内并与之相适应的独立、完整的装饰图案，或者依据不同的内容，在轮廓内表现形象，使之符合其外形。

3．按加工工艺分类

按加工工艺分类，服饰图案可分为印、染、绣、绘、镂、织、缀、拼、添等图案式样。服饰图案的风格与之所使用的材料、材质和加工工艺有密切关系，加工工艺不同，所形成的效果也不同（图3-15）。

图3-13　立体图案　　　　　　图3-14　单独图案　　　　　　图3-15　工艺图案

4．按素材分类

按素材分类，服饰图案可分为花卉图案、植物图案、动物图案等。

5．按造型风格分类

按造型风格分类，服饰图案可分为具象图案和抽象图案（表3-10）。

表3-10　按造型分类

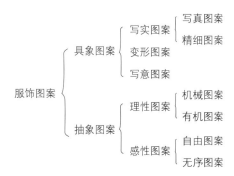

具象图案直观而感性；抽象图案所传达的美学理念只能意会，运用得当可产生强烈的震撼力。

1．服饰图案的审美

服饰图案的审美可以分为三种，即自然美、艺术美和社会美。

（1）自然美：服饰图案的自然美是一种自在美、形态美或客体美，如来自自然界的花卉图案、动植物图案等。

（2）艺术美：服饰图案的纹样构成需要设计者用设计要素按艺术形式美的法则，构成美的艺术形式，我们称之为服饰图案的艺术美。

（3）社会美：服饰图案的社会美既是客体美又是主体美，既是形式美又是时尚美，既是设计者艺术造诣、美学修养、设计能力的体现，也是选择者综合素质和审美能力的标志。

2．服饰图案的功用

（1）修饰作用。

①装饰。服饰图案可以使在视觉形式上显得单调的服装产生层次、格局和色彩的变化，从而渲染服装的艺术气氛，提高服装的审美内涵。

②弥补。服饰图案的运用可以吸引观赏者的视线，从而产生视错，达到提醒、夸张、掩盖人体部位特征的作用。设计师可以利用服饰图案，强调或削弱服装造型及结构上的某些特点，使着装者与服装产生共美。

③强调。服饰图案可以加强与突出局部视觉效果，形成视觉张力，创造局部的对比美，产生强烈的视觉冲击力。

（2）象征和寓意。

①象征。象征是借助事物间的联系，用特定的具体事物表现某种精神或表达某一事理，人们习惯于以积极的心态去想象周围的事物，并赋予其某种象征意义，如中国传统文化中的"龙"象征"皇权"，"桃子"象征"长寿"，"牡丹"象征"富贵"等。

②寓意。服饰图案的寓意是指设计者在设计中隐含的意义或寄托的情感。我国传统服饰中如"蝙蝠""鹿""桃"分别寓意"福""禄""寿"。

（3）标志与宣传。

①标志。服饰图案的标志与符号作用是服饰图案的社会功能之一，如运动员队服的图案、警察和军人的徽章、名牌服装的标志等，醒目而简洁。

②宣传。在商品社会里广告是不可或缺的宣传手段，竞争与经营理念的需要使各大公司、集团、企业单位把自己的徽标、名称等形成图案装饰在服装上，以树立企业形象，打造产品品牌。

第五节　流行色预测

一、流行色的概念

流行色是指在某个时期内的某个地区中大多数人喜爱和接受并广为流行的色彩或色调。流行色运用的范围并不只局限于服装，还包括纺织品、日用品、家具、室内装饰、城市建筑等。流行色的产生是一个十分复杂的社会现象，涉及人的生理、心理感受，又受到社会政治、经济、文化、科学技术等诸多因素的影响。对新颖色彩的追求，并渴望获得精神上的快感是流行色产生的根本原因。当某些需求与相应的人群趋同并参与时，流行色即产生。

二、流行色的流行周期

　　自然界的色彩是有限的，如果反复接受同一种颜色，自然会产生视觉疲劳，于是人们渴求以一种或多种新的色彩代替原有色彩，新色彩的出现即成为流行的可能。色彩的流行周期是指色彩从萌芽、成熟、高峰到衰退的时间，有时可以持续三四年，高峰期为一两年。在某一色彩流行时，总有几个色彩处于雏期，另外几个色彩步入衰退，如此周而复始。日本流行色研究协会研究得出，蓝色与红色常常同时相伴出现，蓝色和红色的补色即橙色和绿色常常同时相伴出现。一个色彩流行周期大约是蓝红三年，橙绿三年，中间过渡一年。

三、流行色的种类

1. 标准色组
标准色组即基本色，是大多数人日常生活中喜爱并常用的颜色（图3-16至图3-19）。

图3-16　标准色组（一）

图3-17　标准色组（二）

图3-18　标准色组（三）

图3-19　标准色组（四）

2. 前卫色组
前卫色组即将成为流行倾向的色彩，被时尚消费者热衷并率先尝试而流行的色彩。

3. 主题色组
主题色组是配合服装的流行风格，需要重点推广的色彩（图3-20至图3-23）。

4. 预测色组
预测色组是指依据社会经济、人的心理和流行趋势的发展，预测未来的流行色彩。下面是一组流行色及面料趋势预测。

图 3-20　喝彩、趣味的色彩主题

图 3-21　都市、幻想的色彩主题

图 3-22　神秘、魅力的色彩主题

图 3-23　谦虚、适度的色彩主题

主题一：易逝的露珠

自然柔和，甜美轻快，悦人耳目（图 3-24 至图 3-28）。

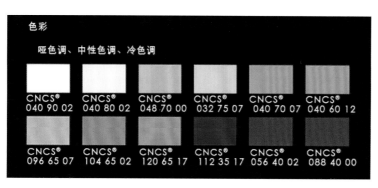

图 3-24　自然柔和色组（一）

图 3-25　自然柔和色组（二）

图 3-26　自然柔和色组（三）

图 3-27　自然柔和色组（四）

图 3-28　自然柔和色组（五）

主题二：爱神的光芒

甜蜜多情，热情奔放，充满幻想（图 3-29 至图 3-33）。

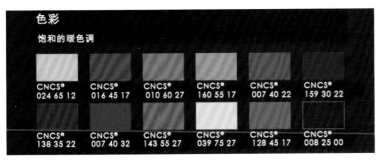

图 3-29　热情奔放色组（一）

图 3-30　热情奔放色组（二）

图 3-31　热情奔放色组（三）

图 3-32　热情奔放色组（四）

图 3-33　热情奔放色组（五）

主题三：远古的奢华

安静祥和，古朴幽深，追忆高雅（图 3-34 至图 3-38）。

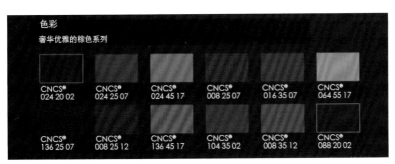

图 3-34　安静祥和色组（一）

图 3-35　安静祥和色组（二）

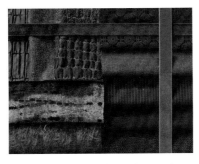

图 3-36　安静祥和色组（三）

图 3-37　安静祥和色组（四）

图 3-38　安静祥和色组（五）

5．时髦色组

大众喜爱，正在流行的色彩，既包括即将退潮的色彩，也包括刚开始流行的色彩。

四、流行色的预测

1．国际流行色组织及机构

（1）国际流行色协会全称国际时装与纺织品流行色委员会（International Commission for Colour in Fashion&Textiles），简称 Inter Colour，1963 年由法国、瑞士、日本共同发起成立，总部设在巴黎。我国在 1982 年以中国丝绸流行协会及全国纺织品流行色研究中心的名义，加入流行色协会，协会每年在巴黎召开两次国际流行色专家会议，会议分别在 2 月和 7 月举行，宗旨是预测和发布 18 个月后的国际流行色。

（2）《国际色彩权威》杂志（International Colour Authority），简称 ICA，由美国的《美国纺织》（AT）、英国的《英国纺织》（BT）、荷兰的《国际纺织》（IT）三家出版机构联合出版，每年春夏及秋冬各发表一次 21 个月以后的色彩预报，预报的色彩分 4 组：女装色、男装色、便装色、家具色，并以色卡形式提供给客户。其色卡配有关键色和与之相配的重点色调，便于生产和设计，因其准确性而被世界各地公认，享有很高的声誉。

（3）国际羊毛事务局（International Wool Secretariat）简称 IWS，该机构设有女装部和男装部。女装部在巴黎，男装部在伦敦。每年和流行色委员会联合预测，制定流行色卡，该色卡适合于服装和毛纺织品。

（4）国际棉业协会（International Institute for Cotton）简称 IIC，该协会与国际流行色委员会合作，专门研究和发布适于棉织物的流行色。

2．流行色发布过程

流行色的发布过程如下：

（1）24 个月前发布国际色彩。

（2）18 个月前发表 JAFCA（日本流行色协会）色彩，各国发表 ICA 色彩、CAUS（美国色彩协会）色彩。

（3）发表 IWS、IIC 等机构提案（属倾向性的）。

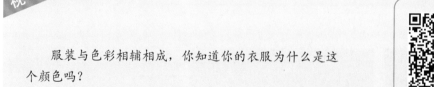

视　角

服装与色彩相辅相成，你知道你的衣服为什么是这个颜色吗？

服装色彩的构思依据
与构思方法

思考题

1. 分析面料性能、风格、图案对服装整体设计的影响。

2. 服装色彩能产生哪些心理效应？列举具体实例加以说明。

3. 在服装设计中色彩搭配是多种因素的协调并遵行一定的规律，如何体现？

4. 简要叙述流行色产生的因素，并结合实际分析流行色预测的必要性。

课后项目练习

1. 依据色彩特征和色彩所产生的视觉效应分别运用同种色、类似色、对比色、互补色进行调色配色练习。

2. 用两种颜色做单纯色的配色练习。

3. 根据不同风格的面料进行十款服装设计。

4. 设计绘画单独图案、适合图案、连续图案各三种。

5. 设计绘画具象图案、抽象图案各三种；设计制作三种立体服饰图案。

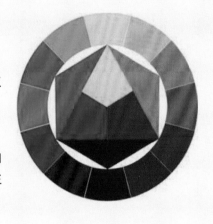

6. 运用图案作为视点实现服装设计，形成设计稿。

7. 按照伊顿的色彩调和理论：凡是在补色色相环中由一个规则几何形所连接的色彩都是调和的，讨论由此产生的色彩联想。

第四章
服装的细节设计

知识目标

掌握服装细节设计的造型方法；服装设计视点的形成；细节设计中的部件设计方法。

能力目标

运用细节造型方法和设计方法完成服装设计，形成设计图稿。

第一节　服装细节设计的视点与方法

　　服装廓形设计与服装款式设计是服装造型设计的两个方面，廓形是基础，是整体；款式是细节，是局部。从外观效果看，廓形是在远距离就可以让人感觉到它的视觉冲击力，而款式是使人近距离品味服装细节的精致与美观。从细节设计的造型要素讲，细节设计可以分为结构线、分割设计、省道设计、褶裥设计、立体造型设计；从细节设计中的部件设计讲，细节设计可分为衣领设计、衣袖设计、口袋设计、连接设计、腰头设计、门襟设计等。

一、服装细节设计的视点

服装细节设计的视点是指细节设计中吸引人注意的位置、形态、工艺或附件。细节设计的位置变化会使廓形相同的服装产生不同的效果，或新颖奇妙，或怪诞不羁，或时尚前卫，或传统经典。如女装的胸部造型是为了强调女性的曲线美；又如使用腋下省则较传统女性化；使用胸底围抽褶时尚且灵活；若使用肩省则比较生硬、中性。

细节设计中部件的造型以及形态也可以传达设计师丰富多样的情感。如男西装的口袋设计成贴袋的比较悠闲，设计成嵌线袋的则比较经典。相同的部件因其所使用的颜色和材质不同而效果各异，如休闲装的拼块用毛皮和皮草则产生不同的效果。由于制作工艺的方式不同，同样可以形成不同的风格特色，如品牌服装的标志图案采用刺绣与印染等不同的方式所给人的感觉就不一样。

服装设计中由于款式和机能的需要，会添加一些附件，如纽扣、拉链、绳、带、标牌等，这些附件的运用与服装的整体设计相呼应，共同构成服装的和谐美。

二、服装细节设计的方法

服装细节设计的方法很多，可归纳为以下几种：

1. 异构法
异构法是指对原有设计中的形状加以改变，如把原有细节造型作为设计原型进行扭转、拉伸、夸张、弯曲、分割、折叠等处理，可以得到出乎意料的效果。

2. 移位法
移位法是对设计原型的构成内容只做位移处理，使设计赋予新意，如休闲女裤装侧位的口袋，进行下移并添加，使裤装风格更休闲且放松。

3. 实物法
局部的结构处理有时为了看到真实的设计效果，有些部件可以是进行精细加工后再放置在相应的部位上以强调、烘托整体设计，或者在加工过程中，随即调整，以获得协调统一的效果。

4. 变换法
通过转移原有服装细节的材料和工艺，形成新的设计，可以使服装产生不同的风格特色，如镶拼面料的改变，结构线工艺的改变都会使服装给人以新鲜感。

当然，除此之外前面关于服装的造型方法也适于局部造型设计。

第二节　服装细节设计中造型要素的运用

一、分割的运用

分割是指用线条将整体进行划分以产生不同的形，服装的分割是指将整块衣料分成若干部分或截片，以产生不同形态的立体效果，分割既是造型的需要，也是机能的需要。现代服装设计更多的是把这些分割转化成造型线条和审美装饰。

1. 纵向分割
单线纵向分割引导人的视线纵向移动，给人以增高感，同时平面上的宽度感有所收缩，如果用两三条或多条纵线分割，人的视线不仅沿线移动，而且横向跳跃，既有增高感又有增宽感（图4-1）。

2．横向分割

单线横向分割引导人的视线横向移动，使平面有增宽感，但是与横向分割线等间距排列两条以上时，会引导视线不仅横向移动，也做纵向移动，既有增宽感也有增高感，因此使用两条以上并列的分割线或造型要特别注意其位置，如女装腰节线的运用（图4-2）。

3．纵横分割

规则的纵横分割表现为敦厚、刻板和安定，灵活地改变纵横线的配置比例，其效果非凡，风格各异（图4-3）。

图4-1　纵向分割的运用　　　图4-2　横向分割的效果　　　图4-3　纵横分割的美妙

4．斜线分割

斜线分割因其倾斜角度决定分割效果，由于视错的缘故，接近垂线的斜线，高度感渐增、宽度感渐减，反之，接近水平线的斜线，高度感渐减、宽度感渐增；当进行45°分割时，平面中的高度与宽度增减错觉并不明显，但动感效果加强。可以使服装的整体效果活跃、轻盈、富有变化（图4-4）。

5．曲线分割

以不同弧线和曲线从不同方向做规则和不规则的分割，可以创造柔和优美、优雅别致的效果，是女装常用的造型线（图4-5）。

6．自由分割

自由分割不受纵线、横线、斜线、弧线分割类型的限制，趋向自由、自然、活泼，强调个性，突出风格（图4-6）。

图4-4　斜线分割的轻盈　　图4-5　曲线分割的　　图4-6　自由分割的个性
柔美和优雅

二、结构线的设计

1. 结构线的概念

服装的结构线是顺应人体的曲面变化、体现各部位分割与组合、塑造形体线条的总称，既是衣片的分割线，也是衣片的连接线、缝合线。

2. 结构线设计的特征

（1）服装造型依附于人体，其结构线的设计首先应依据人体及其运动规律来确定，其次不可忽视的是其装饰和美化人体的效果。

（2）服装的结构线无论简单或复杂都是由三种不同风格的基本线形组合而成的，即直线、弧线和曲线。直线单纯、稳重、刚毅，适于表现男性气质；弧线圆润、均匀、流畅，适于表现中性气质；曲线轻盈、柔美、自如，适于表现女性气质。在具体设计中，服装结构线也要与服装的整体造型风格协调统一，如服装的廓形为曲线，那么其结构线乃至衣摆、袖口、领角等均应考虑用圆形或曲线形。常见的服装廓形与结构线关系为：

① H 廓形，其结构线以直线为主，简洁、端庄、中性。

② A 廓形，其结构线以弧线为主，活泼、自如、青春。

③ V 廓形，其结构线以斜线为主，轻快、洒脱、富有男性气息。

④ X 廓形，其结构线以曲线为主，柔和、优雅、充满女性魅力。

（3）结构线与材料风格一致。各种服装材料以其自身的质地和风格影响着服装的风格和效果，如毛呢厚重沉稳、丝绸轻柔飘逸、锦缎高贵华美、裘皮雍容富贵。对不同的材料，结构线的处理方法也有所不同，造型设计要充分展示材料的可塑性，使结构线在造型上与材料的性能和风格相适应。

三、省道设计

依据人体的曲面变化和服装适体造型的需要，包装人体的多余衣料需做省去处理，也就是我们常说的省缝或省道。在现代服装设计中，省道除了适体功能外，还被许多设计师当成一种变化设计的手法，如在省道处加装饰线、嵌条等，用来丰富服装的设计效果。

省道按其所在人体的部位不同可分为胸省、腰省、臀位省、腹省、背省、肘省等；按其所在服装的部位分类，有领省、肩省、腰省等。

1. 胸省

胸省是指塑造女性胸部造型的省道（图 4-7）。胸部造型是女装设计中的重要内容，胸省的位置围绕胸点向领弧、肩缝、袖窿、侧缝、腰节和前中心线展开。由于造型结构工艺和审美的需要，省尖须指向乳高点，并距离乳高点有一定范围，省的两条结构线应等长，结构线可以是直线也可以是弧线，这就是传统意义上的胸部造型。在现代服装设计中，胸省的使用更为讲究，设计师会以更合理的设计方法，如多省联合或抽褶等塑造女性的胸部曲线，以创造女装最新颖的美感（图 4-8 和图 4-9）。

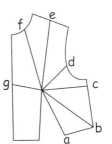

胸省类型
a 腰省
b 侧缝省
c 腋下省
d 袖窿省
e 肩省
f 领省
g 前中缝省

图 4-7　胸省示意图

图 4-8　省道联合或　　　图 4-9　胸省类型
抽褶的设计

2．背省

背部造型的省道设计主要围绕肩胛骨展开，可分为肩胛省、领胛省和横肩省等（图4-10）。省尖指向肩胛凸起范围，以肩胛造型美观为标准（图4-11）。

3．腰省

腰省是在服装中进行腰部造型的省道设计，腰省有前腰省和后腰省之分。腰省的位置一般设计在前后腰节线上，腰省的大小和造型因服装的整体造型和着装者的整体需要而定。为满足审美需要，也可以将腰省与胸省或臀位省联合设计。

4．臀位省

臀部造型的省道设计叫臀位省。臀位省在男女裤装和女裙、连衣裙中应用较多，将腰省和臀位省联合使用的设计称之为腰臀省（图4-12）。其省道的长短和省量的大小完全取决于人体。

在服装的结构图里，省道一般为三角形，但实际收省时，因塑造形体起伏曲面的需要，省道的结构线会变成弧线或曲线，使服装具有立体、圆润的美感。

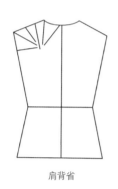
肩背省

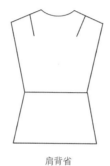
肩背省

腰臀省

图4-10　背省示意图　　　　　　图4-11　背省类型　图4-12　腰臀省示意图

四、服装的褶裥设计

1．褶裥

褶是部分衣料经缝缩形成的自然褶皱，裥是衣料折叠熨烫而成的有规律、有方向、有折痕的皱褶。可见，褶裥都是使服装面料聚集形成的不同外观效果的皱褶，具有取代省道和美化服装的作用，与省道相比更富于变化和立体感。褶裥按其所在部位、折叠和缝制方式的不同，可分为有规则褶裥（图4-13）和无规则褶裥（图4-14）。

图4-13　有规则褶裥

图4-14　无规则褶裥

（1）有规则褶裥按折叠方向和熨烫方法不同可分为以下几种（图4-15）：

①顺裥：将面料进行顺向折叠排列熨烫形成的褶裥。

②箱式裥：将面料进行双向折叠排列熨烫形成的褶裥。

③风箱式裥：将面料进行反向折叠排列熨烫形成的褶裥。

（2）无规则褶裥按制作方法和抽褶形式可分为以下几种：

①抽碎褶：用缝线抽缩成不定型的细褶，或用橡筋线做车缝底线而使布料自由收缩的细小皱褶，或用橡筋收缩的皱褶。

②自然褶：利用布料的悬垂性以及布料的斜度和曲度自然形成的褶。

③堆砌褶：利用衣褶的平行并置、交叉缠绕、螺旋堆砌等方式在服装上形成强烈视觉效果的褶造型。堆砌褶典雅、华美，适用于礼服的设计（图4-16）。

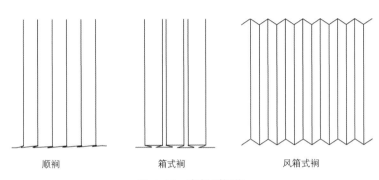

顺裥　　　　　　　箱式裥　　　　　　　风箱式裥

图 4-15　有规则褶裥　　　　　　　　图 4-16　堆砌褶的华丽浪漫

2．褶裥的运用

由于面料的质感差异以及褶的位置、层次、疏密等变化，褶裥会使服装产生奇妙的层次感和光影感。通常有规则的褶裥线条刚劲挺拔、律动感强；无规则的褶裥自由多变、活泼、流畅。若用丝绸等光感好且柔软轻薄的面料，无规则褶裥更显精美、高雅、华丽。

褶裥在女装上的运用较为普遍，如胸部、领部、腰部、袖口、衣摆、裙摆等，也可用于男士的休闲装和衬衫等，由于褶裥的丰富与韵律，会使服装产生意想不到的效果。

第三节　服装细节设计中零部件的设计

服装零部件的设计是指与服装主体相配，突出主体风格，具有功能性和装饰性等组成部分的局部造型设计，如衣领、衣袖、腰节、门襟、衣袋、连接等设计。零部件设计受整体设计的约束，并影响整体设计的视觉节奏。精美的零部件设计是对整体设计的调节、补充、烘托和强化。

一、衣领设计

衣领在局部造型设计中至关重要，因为衣领接近人的脸部，容易吸引视线。精致的领部设计不仅可以美化服装，也可以美化人的面部，使服装产生新颖、别致的设计效果。通常情况下，衣领设计是依据人的颈部基准点即颈后中点、颈侧点、颈前中点和肩端点进行的，根据衣领的结构及其与衣身之间的关系，主要分为以下几种类型：

1. 连身领

连身领包括无领和连身立领两种。

（1）无领。

衣身上没有装领，领口线造型即为领形。其特点是造型线丰富，领形简洁自然，能突出颈部的优美。由于结构造型领线位置的不同以及工艺处理、装饰手法的差异，使不同的无领造型展示出多种风貌。无领常用于夏装、晚礼服、休闲T恤和内衣等设计中。无领具有多种形状并各具特色。

①圆形领。圆形领庄重、自然、活泼、优雅，适于不同套装、休闲装和内衣设计（图4-17）。

图4-17 圆形领

②方形领。方形领口小严谨，端庄；口大高贵，浪漫，适于夏装设计。

③V形领。浅V形领柔和、雅致，适于休闲装及内衣设计；深V形领严肃冷漠，适于礼服设计（图4-18）。

图4-18 V形领

④船领。船领简洁雅致，大方潇洒，适于夏装、休闲装、针织服装及晚装设计（图4-19）。

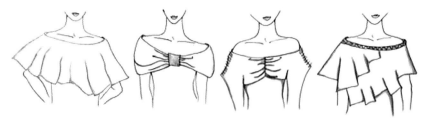

图4-19 船领

⑤一字领。一字领舒展高雅，含蓄柔美，适于夏季、春秋季的女装设计（图4-20）。

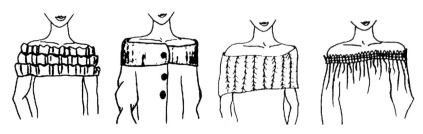

图4-20 一字领

⑥其他领形。通过造型变化，无领形也可设计出多种花式领形。这些领形装饰变化丰富，造型巧妙，适于时装和表演装设计。

（2）连身立领。

领子与衣身连成一体，通过收省、抽褶等方法得到领部造型。其特点是流畅、柔和、含蓄、清秀、典雅，适于女装设计（图4-21）。

2．装领

装领是领子与衣身分开，通过缝合、按扣、纽扣、拉链等连接形式装在衣身上形成的衣领造型。装领根据衣领结构不同可分为以下几种：

（1）立领。

领片竖立在领圈上的领形为立领。领座紧贴颈部周围的为直立领，领座与颈部有一定倾斜距离的为倾斜式立领。内倾式立领含蓄收敛、严谨端庄，有东方情调；外倾式立领豪华优美、挺拔夸张，有欧美韵味（图4-22）。

（2）翻领。

翻领是领面向外翻折的领形。其中领面从无领座的领圈向外翻出并平贴肩部的领形为平翻领，有阔肩宽胸的特点；领面在领座上向外翻折，称为立翻领，端庄而严谨；翻领与帽子相连，称为连帽领。在翻领设计中，领座的高度、翻折线的位置、领面的宽度均影响领部的造型效果。无领座翻领舒展、柔和，具有显著的女性特征，如披肩领，海军领；有领座的翻领领面可宽可窄，翻领外形线造型自由，适于女式衬衫、裙装、时装、大衣设计，男士休闲装和大衣有时也会采用（图4-23）。

（3）驳领。

驳领由领座、翻领、驳头三部分组成。驳领与翻领不同的是将衣身上的翻折部分——驳头与翻领连接在一起，驳领庄重、洒脱，常用于男女西服、套装、大衣的设计。驳领的设计变化由领口深浅、领面宽窄、驳头的形状、串口线的位置以及搭门的宽度来决定。窄驳领职业化，宽驳领休闲；小驳领秀气优雅、简洁自如，大驳领大气、庄重、高雅（图4-24）。

（4）组合领形。

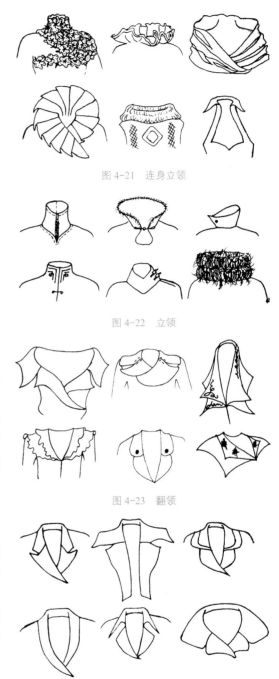

图4-21　连身立领

图4-22　立领

图4-23　翻领

图4-24　驳领

在服装设计中领形会有多种变化，两种或两种以上领形可以组合在一起形成新的风格，组合的领形往往新潮时尚、富于变化，易于形成独特的设计特色和风格。

衣领的设计要强调与服装整体风格相一致，只有衣领与整体设计风格相协调、格调相统一时，才能体现出服装的整体美感。如荷叶领与浪漫、温柔的服装风格相协调；直线领形适于严谨、简洁、大方的服装风格；曲线领形适于优雅、华丽、可爱的风格；大领口适于宽松、凉爽、随意的风格；小领口适于严肃、拘谨的风格等。

二、衣袖设计

衣袖和衣领一样，是服装设计的主要部件。由于人的上肢是人体活动最频繁、幅度最大的部分，因此衣袖的设计首先应具备机能性，其次要与服装整体效果协调统一。

衣袖设计主要分为三个部分：袖山设计、袖身设计、袖口设计。

1．袖山设计

袖山设计是根据衣身与袖子的结构关系进行的，据此可将袖子分为装袖、连身袖和插肩袖。

（1）装袖。

装袖是衣袖和衣身分开裁剪，然后再缝合而成的一种袖山。西装的袖子是典型的装袖，它符合人体肩臂部位的造型，具有线条顺畅、穿着平整适体、外观挺括、端庄严谨、立体感强的特点。装袖根据袖山的高低可分为圆装袖和平装袖。

①圆装袖。袖子装好后，袖山与袖窿的造型圆润饱满。一般袖山弧长大于袖窿弧长，如西装袖的袖山为 3 ~ 4 cm，袖山边缘通过"归"的工艺处理实现肩袖部位的造型。圆装袖常用于正装和西装设计。

②平装袖。平装袖的结构原理与圆装袖相同，但袖山弧长与袖窿弧长相等，袖山比圆装袖低，袖根比圆装袖宽，常常肩点下落，因此平装袖又称落肩袖。平装袖多采用一片袖裁剪，穿着舒适、宽松，适于外套、风衣、夹克等简洁、休闲的服装设计。

（2）连身袖。

连身袖是指衣袖肩部与衣身连成一体，又称连袖（图 4-25），连身袖可分为中式连袖和西式连袖。

①中式连袖。袖身与肩线成 180°，平面直线裁剪，肩部没有连接缝，穿着时肩部平整圆润、宽松舒适，活动随意自如，多用于老年服装、中式服装、练功服和睡衣等设计。

②西式连袖。肩线有斜度，袖身与肩线形成一定的角度，一定程度上减少了中式连袖腋下堆砌的皱纹，造型线条柔和含蓄，穿着宽松、飘逸、雅致、优美，多用于夏季女装、休闲装和时装设计。

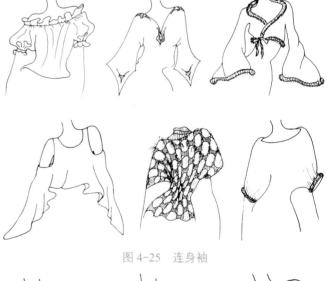

图 4-25　连身袖

（3）插肩袖。

插肩袖是袖子的袖山延伸到领围线或肩线的袖形，延长至领围线的袖形称全插肩袖，延长至肩线的袖形称半插肩袖。依据袖子的造型要求，插肩袖可分为一片袖和两片袖。插肩袖因袖形流畅、宽松、舒展，穿着舒服、合体，适于运动服、大衣、外套、风衣等设计（图 4-26）。不同的插肩袖和不同的工艺有着不同的风格倾向，如抽褶、曲线的插肩袖柔和、优美，适于女装设计；直线明缉线刚强有力，适于男装中的夹克和风衣设计。

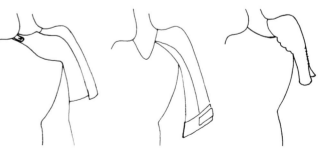

图 4-26　插肩袖

2．袖身设计

袖身根据服装整体造型的需要可分为紧身袖、直筒袖和膨体袖（图4-27）。

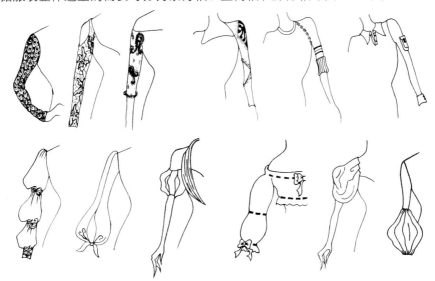

图4-27　袖身设计

（1）紧身袖。

紧身袖是袖身形状紧贴于臂的袖形，一般是一片袖设计采用弹性面料完成，其造型简洁，工艺简单。紧身袖多用于练功服、舞蹈服、健美服、毛衫、针织衫设计。

（2）直筒袖。

是手臂形状肥瘦适中、袖山圆润、袖身顺直的袖形，通常由两片袖组成。男装大多使用直筒袖，顺畅、大方；女装多用于职业装、风衣设计中，经典、优雅。

（3）膨体袖。

袖身比较夸张，膨大宽松，膨起的部位可以是袖山、袖中和袖口，如泡泡袖、羊腿袖、灯笼袖等。膨体袖多用于时尚女装、运动服、少女装和童装设计中。

3．袖口设计

袖口设计首先应考虑穿着的功能性，如工作服的袖口既要收紧不影响工作又要穿脱方便，舞蹈服的袖口既要挥洒自如又要飘逸美观。通常，袖口围度的变化和装饰的不同要与服装的整体设计风格相呼应，袖口可分为以下几种：

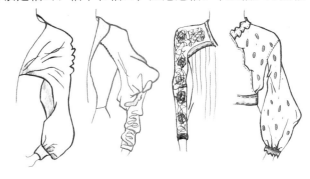

图4-28　收紧式袖口

（1）收紧式袖口。

这类袖口用袖克夫、松紧带或罗纹将袖口收紧，利落、严谨、灵巧，多用于衬衫、工装、夹克衫的设计（图4-28）。

（2）开放式袖口。

开放式袖口自然展开呈松散状态，宽大舒适，或在袖口予以装饰，雅致、精美。其适于风衣、西装、连衣裙和礼服设计（图4-29）。

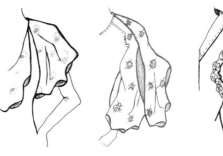

图4-29　开放式袖口

其实，在衣袖的设计过程中，除了袖子本身从袖山、袖身到袖口的变化外，它与衣身结构的组合形式也多种多样，这就使袖子的设计变化无穷。无论怎样，设计者都要遵循一个原则，即衣袖的设计应服从服装的整体风格要求，以强化整体设计为目的。

三、腰节设计

腰节设计是指上装或上下连接服装中腰部细节的设计，腰节设计在服装整体设计中占有重要的位置，它影响着服装的廓形设计和整体风格，女装中的腰节设计尤为重要。腰节设计不仅可以使用分割线、装饰线、省道等造型方法，还可以使用褶裥、罗纹、腰带、各种花结等工艺手法，依据腰节部位不同的造型、工艺、装饰可以使服装产生粗犷、轻松、洒脱、自然、优雅、柔美、灵秀、时尚等不同效果（图 4-30）。

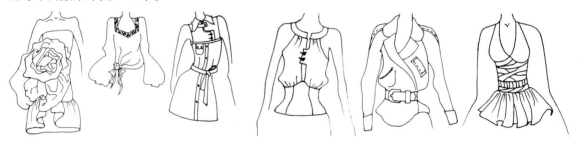

图 4-30 腰节设计

四、门襟设计

由于人体是对称的，大多数服装都使用门襟开口在前中心线上的对称式门襟，对称式门襟严谨而正式，其居中的位置使之成为服装的视觉中心，影响服装的视觉效果。同时，服装的设计者与欣赏者对服装追求变化、奇异的心理又使不在前中心线上的侧开式门襟、偏襟、背开式门襟也成为吸引视线的焦点。门襟的设计可以创造服装的不同风格，如西装、军服用纽扣连接的闭合门襟正式、严谨、庄重、典雅；披肩式毛衣、休闲外套不需要任何方式闭合的敞开式门襟飘逸、洒脱、粗犷、奔放；还有通过镶边、嵌条、刺绣、珠绣等工艺处理的门襟精致、考究、炫彩、华丽（图 4-31）。

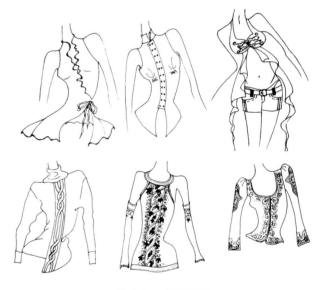

图 4-31 门襟设计

五、衣袋设计

衣袋设计要依据其功能性与审美要求，结合衣领、衣袖、衣身的整体造型，运用形式美法则进行构思，使衣袋的形状、大小、比例、位置、风格与服装整体和谐统一。

衣袋的品种较多，归纳起来可分为贴袋、挖袋、插袋、假袋和复合袋五种。

1．贴袋

贴袋是将布料裁剪成一定形状贴缝在服装上的一种衣袋，可分为平贴、立体贴、有袋盖和无袋盖等形式。贴袋外露、舒展、随意、休闲，常用于休闲西服、夹克、家居服和童装设计。运用在家居服和童装上的贴袋因图案的自由宽泛、工艺变化多样而使服装韵味丰富、意趣盎然（图4-32）。

2．挖袋

在服装上根据设计要求将面料挖开一定的开口，再从里面装上袋布，在开口处缝合固定而成的衣袋称为挖袋，也称暗袋或嵌线袋。其袋线简洁，袋体隐蔽，感觉规整含蓄，多用于正装、运动装、休闲装的设计，如男西装双侧的暗袋。挖袋有有袋盖和无袋盖之分，也有单嵌线和双嵌线的不同。

图 4-32　贴袋

3．插袋

插袋是指将袋口设置在衣缝处的挖袋，与挖袋的区别在于袋口在衣缝处留出而不是在面料上挖开，隐蔽、含蓄、成熟。插袋位置一般在衣身侧缝、公主线缝、裙侧缝上，袋口可以镶边、嵌线或装饰，多用于经典成衣设计中（图4-33）。

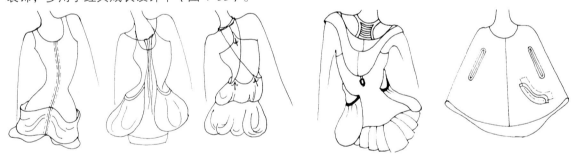

图 4-33　插袋

4．假袋

在现代服装设计中，假袋是为了追求造型上的设计效果而进行的口袋设计，只有装饰功能，没有实用功能，可以丰富服装的造型变化、烘托服装的整体气氛以及增添服装的审美情趣。

5．复合袋

服装设计因社会的进步而更加强调衣着的装饰美。现代时装特别是休闲装流行复合衣袋，即多种衣袋自由组合、重叠、复合，从而产生多功能、多层次的效果，使服装新颖、别致、时尚（图4-34）。

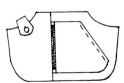

图 4-34　复合袋

六、连接设计

大多数服装穿在人体上是需要闭合的，如何闭合也就是如何连接。连接部分既要有实用功能也要有审美需要，粗糙的连接直接影响服装的品质，精致的连接则可以补充服装造型设计的不足，常用的连接有纽结、拉链、袢带和粘扣、绳带以及腰位线与腰头等（图4-35）。

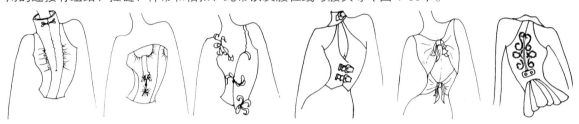

图 4-35　连接设计

1．纽结

纽结既是服装中的功能部件也是服装上的装饰部件，因在服装上的数量和选配的不同而影响服装的整体效果和风格。如单粒纽结会以点的形式出现在服装上而形成视觉中心；多粒纽结的秩序排列又以线的形式影响服装的造型；暗门襟上的纽结保证了服装面造型的延续和完整；装饰纽结的使用会使服装打破原有的平淡而变得活泼生动。纽结连接中的纽扣的选择、扣位的距离、纽结的方式都因服装的季节、造型、风格而不同，其设计强调的是以协调统一为原则，以变化、呼应为目标。

2．拉链

拉链是代替纽结的服装部件，同样具有连接功能和装饰作用。使用拉链连接简洁、方便、随意。拉链根据服装外观效果的需要可分为明拉链和暗拉链，明拉链主要用于门襟、领口、裤门襟、裤脚或装饰。拉链根据材质不同可分为金属拉链、塑料拉链和尼龙拉链，同时也决定了其用途的不同，金属拉链多用于皮衣、夹克、牛仔装中；塑料拉链多用于冬装、运动服和针织衫上；尼龙拉链多用于夏季服装和内衣上（图4-36）。

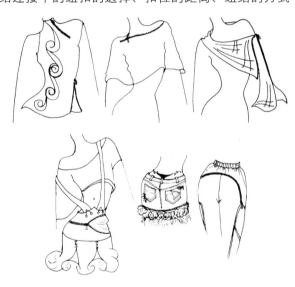

图 4-36　拉链

3．袢带和粘扣

袢带与纽结功能相同，除了起紧固某些部位的作用外，同样起装饰作用，如上衣、夹克、风衣或大衣的领、肩、腰、袖口、袋边等部位设置的袢带具有较强的装饰美化作用。

粘扣常代替拉链和纽扣用于服装的门襟、袋口、包袋等的连接处，起固定作用，粘扣表面没有连接痕迹，整洁平实，设计师可依据服装设计中造型、实用、风格的需要加以选择（图4-37）。

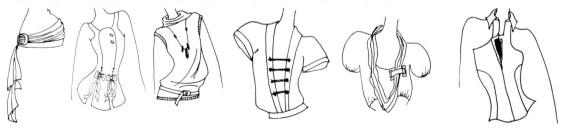

图 4-37　袢带和粘扣

4. 绳带

绳带是服装上常用的连接方式，可用于领围、帽围、腰头、袖口、裤脚口、下摆等处，常用的绳带有松紧带、罗纹带、布带、尼龙带。有弹性的可用于袖口、裤口或运动服上，没有弹性的常用于下摆、领围或帽围。绳带的介入使服装的局部有抽褶的效果，用于裙摆和衣摆处使服装造型灵便、轻盈；用于袖身与腰身，自然、活泼；用于侧缝则新颖、别致（图4-38）。

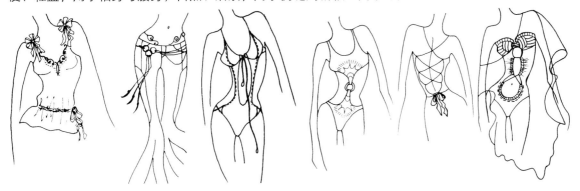

图4-38　绳带

5. 腰位线与腰头

腰位线指与裙装和裤装相连的腰部和腰部边缘连接设计，其造型影响着服装效果、反映着流行变化，按腰位线的位置可分为高腰设计、中腰设计和低腰设计。高腰设计，由于腰节线提高，下肢显得修长，使服装整体效果优美、轻盈，如高腰连衣裙和连裤装；中腰设计即标准腰位设计，端庄、优雅；低腰设计是将腰位线下落接近臀位，突出腰部曲线，活泼、别致、时尚。腰头有绱腰和无腰之分，绱腰设计适体、多变、严谨；无腰设计简洁、精致、线条流畅。腰头的连接也有拉链、门襟等多种形式。设计师可依据服装造型的需要设计腰位线与腰头，使服装整体设计效果完美统一（图4-39）。

图4-39　腰位线与腰头

　　纽扣作为中国市场经济的重要一部分，成全了无数人，下面带你走进纽扣的世界。

小纽扣，大世界

思考题

1. 怎样实现服装细节设计与廓形的相互协调统一？
2. 分析探讨服装细节设计在服装上所形成的风格倾向。
3. 如何理解分割线和装饰线的关系？

课后项目练习

1. 运用联合省道进行两款胸部造型和臀部造型设计。

2. 运用不同的褶裥设计女装款式四款。

3. 运用褶裥设计男装：休闲装、衬衫各四款。

4. 运用手绘方式做如下创意设计，每种类型设计二十款。

    A. 领的设计   B. 袖的设计   C. 口袋设计

    D. 腰的设计   E. 门襟设计   F. 连接设计

5. 运用不同的分割线、装饰线、省道线进行款式设计，每种线形设计三款。

6. 运用不同的褶裥设计女装四款。

第五章
服装分类设计

第一节　服装分类设计概述

一、服装分类设计的意义

服装设计在任务不具体、指令不确定时，其概念是模糊的、不能定位的。如进行女装设计，设计师首先要弄清楚诸多概念：穿着的时间、地点、场合，着装者的年龄、气质、身材、身份，服装的廓形、色彩和风格等，然后才能进行设计。只有使用了上述类似的限定，设计者才能细致、全面、准确地把握好设计，完成设计。

服装分类设计就是对服装设计提出总的设计要求，使设计者在对单项设计理解的基础上对整体设计指令进行多方位的思考和构思，提出既符合要求又有突破的最佳设计方案。

二、服装分类设计的原则

现代服装设计师无论设计何种服装，均应掌握如下三项原则：

1. 用途明确

用途明确是指设计者的设计目的明确和服装的去向明确。设计者要明确自己设计的服装是要参加设计比赛还是宣传企业形象或是投放目标市场，是职业装还是礼服或是舞台服饰等。设计者只有明确了服装的用途才能确定设计方向。

2. 角色明确

角色明确是指设计者不但要了解着装者的年龄、性别和服装类别，还应对其社会角色、经济状况、文化素养、性格特征、生活环境等有所了解，从而使设计合理、科学，赢得消费者的认可，并具有占据市场的优势。

3. 定位明确

这里的定位是对服装风格、内容和价格的定位。风格定位是指对服装的品位和格调的定位，与穿着者的个性气质、审美水准、文化素质、艺术修养等有直接关系。内容定位是指对服装的具体款式、色彩、功能的定位要符合着装者的个性、身份。价格定位是针对销售服装而言的，价格定位涉及生产者、销售者、消费者各方面的利益，对于销售者而言，定位高虽然利润丰厚却有滞销风险，定位低则利润微薄。因此设计师须充分了解市场，掌握市场的需求与动向。

第二节 服装分类的方法

常见的服装分类方法如下：

1. 按年龄分类

（1）婴儿装：0～1周岁儿童穿用的服装。

（2）幼儿装：2～5周岁儿童穿用的服装。

（3）儿童装：6～12周岁儿童穿用的服装。

（4）少年装：13～17周岁少年穿用的服装。

（5）青年装：18～30周岁青年穿用的服装。

（6）成年装：31～50周岁成年人穿用的服装。

（7）中老年装：51周岁以上的中老年人穿用的服装。

2. 按用途分类

（1）日常生活装：在生活、学习、工作、休闲、旅游等场合穿用的服装，如家居服、学生服、运动服等。

（2）特殊生活装：少数人日常生活穿用的服装，如孕妇服、病员服等。

（3）社交礼服：在比较正式的场合穿用的服装，如晚礼服、婚礼服、葬礼服、午后礼服等。

（4）特殊作业服：在特殊环境下穿用的服装，如消防服、防辐射服、宇航服、潜水服等。

（5）装扮服：在装扮和演出的场合穿用的服装，如迷彩服、戏剧服等。

3. 按季节分类

（1）春秋装：春秋季节穿用的服装，如套装、风衣等。

（2）夏装：夏季穿用的服装，如T恤、短裤、连衣裙等。

（3）冬装：冬季穿用的服装，如大衣、滑雪衫、羽绒服等。

4．按性别分类

（1）男装。

（2）女装。

5．按材料分类

（1）天然纤维服装：如棉衫、麻衫等。

（2）化学纤维和合成纤维服装：如涤纶衫、丙纶衫等。

（3）裘皮服装：如貂皮大衣等。

（4）皮革服装：如羊皮夹克等。

（5）其他材料服装：如塑料雨衣、稻草蓑衣等。

6．按民族性分类

（1）中式服装：具有典型中式风格的服装，如唐装等。

（2）西式服装：具有典型西方特色的服装，如西服等。

（3）民族服装：具有民族特征的服装，如朝鲜族服饰等。

（4）民俗服装：带有地域文化色彩的服装，如阿拉伯民族服饰等。

（5）国际服装：在世界范围流行的服装，如现代职业服装等。

7．按服装廓形分类

（1）规则几何形服装：如三角形、长方形等。

（2）自由几何形服装：如 S 形、放射形等。

（3）字母形服装：如 A 形、H 形、X 形、V 形等。

（4）物象形服装：如吊钟形、酒杯形等。

8．按设计目的分类

（1）比赛服装：为参加服装设计比赛而设计的服装。

（2）表演服装：为各种表演而设计的服装。

（3）发布服装：为服装发布会而设计的服装。

（4）销售服装：为市场销售而设计的服装。

（5）指定服装：为特殊要求而设计的服装。

9．按国际通用标准分类

（1）高级女装：在高级女装店为顾客量身定制、完全由手工制作或加工零售的女装。

（2）时装：介于高级女装和成衣之间的具有流行意味、顾客目标较为明确的时髦服装。

（3）成衣：流水线上批量生产的标准号型服装。

10．按商业习惯分类

（1）童装：0 ~ 12 周岁儿童穿用的服装。

（2）少女装：20 周岁左右女性穿用的服装。

（3）淑女装：年纪较轻的女性穿用的服装。

（4）职业装：在有统一着装要求的环境中穿用的服装。

（5）男装：男性穿用的服装。

（6）女装：女性穿用的服装。

（7）家居服：平时在家穿用的服装。

（8）休闲服：非正式场合穿用的服装。

（10）运动服：体育运动或锻炼时穿用的服装。

（11）内衣：紧贴皮肤的服装。

11．按着装类别分类

（1）外衣：穿在最外层的服装。

（2）内衣：紧贴皮肤的服装。

（3）上装：穿在上身的服装，如衬衫、夹克等。

（4）下装：穿在下身的服装，如裙、裤等。

12．按制作方法分类

（1）套头式。

（2）缠绕式。

（3）前扣式。

（4）披挂式。

（5）体型式。

（6）连体式。

第三节　常见服装的分类设计

一、按国际通用标准分类的服装设计

按通用标准分类就是将服装的流行趋向、生产制作规模、着装者的个人综合因素结合在一起而形成的习惯性的分类。

1．高级女装

最原始的高级女装（图 5-1）属于法国独创的时装艺术，是展示设计者独特风格、设计思想和高超工艺的一种服装形式。英国人查尔斯·弗莱德里克·沃斯（Charles Frederick Worth，1826-1895）于 1858 年在法国建立了世界上第一家服装店，制作出最早的高级女装，专为拿破仑三世的皇后和地位显赫的贵妇们服务。1868 年沃斯又建立了世界上最早的时装设计师协会，1936 年将其重新命名为高级女装协会。沃斯因对现在服装业所做的贡献而被誉为"高级女装之父"。

高级女装属特殊定制的服装，按法国高级时装协会规定成为高级女装品牌需有如下特殊要求：

图 5-1　高级女装

　　①在巴黎设有设计工作室；

　　②完全由手工制作；

　　③量身定做，反复试样；

　　④每年 1 月和 7 月召开两次发布会，每次不少于 75 件日装和晚装；

　　⑤常年雇佣三人以上专职模特。

高级女装的特点是面料和辅料高档，结构繁复，做工一流，造型夸张，装饰精巧，风格高贵、浪漫、奢华。因此高级女装价格异常昂贵，其顾客大多是皇室成员、名媛贵妇、歌星影后等特殊消费群体。受现代成衣业发展的影响，高级女装的概念也已宽泛了许多，虽然仍是量体裁衣、单独制作、追求经典、优雅、精致和华丽，但在设计手法、造型风格和美学概念上更为年轻、时尚和前卫，生产数量上也有所增加，体现了高级女装发展的新趋势。

2．时装

时装介于高级女装和成衣之间，比不上高级女装的奢华昂贵，却比成衣多样新颖，产品数量多于高级女装而少于成衣，具有明显的流行倾向（图5-2）。此外，由于人们生活水平的提高和现代服装业的发展，消费者对时装的要求更加个性化，使时装与成衣的距离越来越近。

3．成衣

成衣是指工业化生产的服装，我们日常生活的穿着都属于成衣。现代缝纫设备为成衣业服务，使批量化生产标准类型的服装得以实现；商业经营理念的转变为成衣销售明确了方向，使成衣的发展越来越多样化、正规化、高级化。追求批量生产、流水线作业的成衣设计须重视以下两点：

（1）成本意识。

成衣设计面对广大普通消费者，必须以最低的成本体现最完美的形象，过多的装饰和复杂的工艺会增加产品的附加值，使成衣缺乏市场竞争力。

（2）流行意识。

流行性是成衣设计的灵魂。服装设计是一门时尚艺术，消费者的消费意识深受审美情趣和流行因素的影响，因此要求成衣设计必须站在流行前沿，把握流行趋势，为成衣业发展准确定位（图5-3）。

图 5-2　现代时装

图 5-3　成衣

二、按年龄分类的服装设计

1．童装

童装可以分为婴儿装、幼儿装和儿童装。各年龄段的儿童因其生理和心理特征不同，对服装的要求也不同。

（1）婴儿装。

一周岁以内的儿童称为婴儿。婴儿装造型简单，以方便舒适为主，还需要增加适当的放松量，以适应孩子较快的成长。由于婴儿骨骼柔软、皮肤娇嫩、睡眠时间长，因此婴儿装应尽量减少分割线、缝缉线以及橡筋的使用，以保证服装的平整光滑；婴儿的颈短，应以无领和领腰较低的领形为主；在袖形设计上，月龄较小的婴儿装多采用中式连袖和插肩袖，较大的婴儿可采用装袖设计，但袖长不宜过长，袖口应宽松；婴儿装不宜采用套头设计，而应采用开合门襟，门襟的位置可设在前胸、侧面或肩部，用扁平的带子扣系，不宜用纽扣或拉链；婴儿的裤装可采用开裆式或裆部灵活扣系的形式以便于护理和清洁；

在婴儿服装色彩设计上，由于周岁以内的婴儿视觉神经尚未发育完全，色彩心理不健全，因此不宜采用刺激性强和彩度高的色彩刺激其视觉神经。同时，婴儿的皮肤娇嫩，浅色可避免染料对其皮肤的伤害。所以这一年龄段的婴儿装颜色应以白色、浅色、柔和的暖色为主，可适当加些图案（图5-4）。

图 5-4　婴儿装

（2）幼儿装。

1～5周岁的儿童称为幼儿。幼儿装设计应注重整体造型。其廓形以方形、长方形、A形为主，或采用连衣裤、连衣裙、背带裤、背带裙、背心裤、背心裙的方式，以防止裤子下滑和便于活动。由于幼儿胸腹突出，上衣可在肩部和前胸设计育克和多褶裥，裙长以膝盖上为宜，还应考虑幼儿装的实用性，开口应在前面，随着年龄的不同逐渐过渡。幼儿的颈部较短，不宜设计高腰领形和繁复领形。在服装色彩设计上，2～3周岁的儿童可辨认鲜亮的色彩，4～5周岁的儿童可判别混浊暗色中明度较高的色彩，因此2～5周岁的幼儿装常采用鲜亮而活泼的对比色、三原色，或以色块镶拼、间隔，以达到色彩丰富、明朗醒目的效果。此外，幼儿对口袋和装饰感兴趣，口袋以贴袋为主，可适当加些具象图案，如花、叶、动物、文字等（图5-5）。

图 5-5　幼儿装

（3）儿童装。

儿童装又称学童装，是指 6 ~ 12 周岁的儿童穿用的服装，此年龄段的儿童处于小学阶段，应考虑适应学校生活和课内外活动的需要，款式设计不宜过于烦琐、华丽，造型以宽松为主。男女童装在品种、局部造型和规格尺寸上具有较大差异，色彩和装饰图案的运用也有所不同。这　年龄段的服装一般采用组合形式，以上衣、背心、衬衫、外套、裙装、裤装、大衣等组合搭配为宜。6 ~ 12 周岁是培养儿童身心健康的关键时期，色彩的使用会直接影响到儿童的心理。专家发现从小穿灰暗色调服装的女童易产生懦弱、羞怯、孤僻的心理，若换上橘黄或桃红色等鲜亮的服装则会有所改善；经常穿紧身、深暗色服装的男童，易产生不安、怪癖的心理，若换上黄绿色系列的温和色调的宽松服装，则会使其心态产生转变。因此，儿童装的配色应营造积极向上、生动活泼、健康可爱的氛围，包括图案也应选用正面、积极、阳光的题材，以带动儿童向正确的、健康的心理方向发展，使其逐渐建立起积极的人生价值观（图 5-6）。

2. 少年装

少年装是指 13 ~ 17 周岁的少年穿用的服装。这一年龄段的少年体型已逐渐发育完善，尤其是女孩，其腰线、肩线、胸围线和臀围线已明显可辨，身材日趋苗条。女童装可选用高腰、中腰、低腰；造型可以是 A 形、H 形、X 形，局部造型以简洁为宜；女童装可在领、袖、腰的设计上多加变化，以丰富款式。男童装通常由 T 恤、上衣、衬衣、毛衣、外套、长裤、短裤、大衣等组成，与成人款式基本相同。其款式设计应简洁大方，具备一定的运动机能性，不宜加过多的装饰；服装色彩的彩度和纯度要有所降低，不宜像儿童装那样鲜亮。

图 5-6　儿童装

3. 青年装

青年装是指 18 ~ 30 周岁青年人穿用的服装。这一年龄段的青年体型已发育成熟，对流行最为敏感，对服饰美的理解也各具独特视角。对形象美的向往和希望借助服装吸引异性的心理特征，使这一年龄段的人非常注重服装的特色。青年装总的设计要求是造型轻松、明快、多变，性别特征明显。一般来说，女装造型极为丰富，以突出女性曲线为宜，局部多变，强调装饰，其色彩或高雅文气，或艳丽活泼，或与流行密切相关；面料偏于新颖流行，追求品牌和个性化。男装造型挺直，结构略有夸张，讲究服装韵味和品质。

4. 成年装

成年装是指 31 ~ 50 周岁的成年人穿用的服装。其实对服装的设计和选择具体界定年龄并不准确，因为人的生理年龄和心理年龄有着微妙差异，有些人虽然生理年龄进入成年阶段，但相貌、体态、心理和对服装的要求仍处在青年人的行列；有的老年人不喜欢选择老年服饰而希望选择成年服饰。总体来讲，成年装追求造型合体、端庄、稳重、重视个人品位，强调服装的简洁与精致。着装者希望以服装突显自己的气质、修养、身份和地位，因此，品牌在这一群体心理中占据重要位置（图 5-7）。

图 5-7　成年装

5．中老年装

中老年装是指 50 周岁以上的中老年人穿用的服装。这一年龄段的群体因形体及心态的变化而追求服装风格上的沉稳优雅，选择服装或者为宽松舒适，或者注意修正体态；色彩上通常以明快色调和暖色调为主，平稳和谐，偶尔鲜亮活跃；并且讲究面料柔软舒适，装饰恰到好处。对设计师而言，设计朝着年轻化方向为宜。

三、按性别分类的服装设计

1．男装

男装需要表现男性的气质、风度和阳刚之美，强调严谨、挺拔、简练和概括的风格。设计着重整体廓形，简洁合体的结构比例，严格精致的制作工艺，优质实用的服装面料，庄重和谐的服装色彩以及协调得体的服饰配件。

（1）礼服。

男装中的礼服分为燕尾服、晨礼服和西服套装。

①燕尾服。燕尾服也称晚礼服，指下午 6 时以后穿着的高级礼服。燕尾服为前襟短至臀上，后摆成燕尾状的西服。其驳领常采用半戗驳领与丝瓜领，前胸双排扣，以黑色或深色毛料制作，领面选用具有光感的绸缎。常与黑色、深色或白色背心，白色硬领、前胸缀有褶裥的衬衫和西裤搭配穿着。

②晨礼服。晨礼服为白天参加各种仪式，如结婚庆典、告别酒会、丧事活动时穿用的正式礼服。晨礼服为前襟至后摆逐渐加长，呈圆弧形的西服。其后摆开衩，戗驳翻领，前腰处使用一粒纽扣，以黑色毛料制作，配以同一面料的背心。与黑色或带条纹西裤、白色衬衫搭配穿着（图 5-8）。

③西服套装。西服套装是晚会用的准礼服，或称正餐外套、晚礼外套。其也可在一般正式的场合穿用，通常与同一面料的背心、西裤以及衬衫、领带搭配。西服套装一般为平驳领、戗驳领、丝瓜领，配以单排扣或双排扣。近几年来略有变化，如门襟和下摆的造型，驳领形状、大小、宽窄以及驳口的高低，腰身形状，后背与侧缝是否开衩等。西服套装的面料也较为宽泛。

（2）衬衫。

男衬衫的款式变化较多，依穿着场合和功用的不同可分为礼服衬衫、日常衬衫和休闲衬衫。

①礼服衬衫。礼服衬衫在礼仪庆典上常与燕尾服和晨礼服配合穿用。以平挺、华美的外观显示出优雅高贵的绅士风度。衬衫合体，略有腰线，前胸为坚胸或褶裥装饰；有的领部为翼领造型（图 5-9）。

②日常衬衫。日常衬衫有两种：一种是穿在西服内的，另一种是外穿的。一般而言，西服内穿用的衬衫造型尺寸与礼服衬衫相同，只是前胸不必有坚胸和褶裥装饰。外穿的衬

图 5-8 晨礼服

图 5-9 礼服衬衫

衫造型宽松舒适，腰为直线，门襟有贴门襟和普通门襟两种；色彩多为浅色，以浅色条纹、格子为主；秋冬季也有深色，面料为棉、毛、麻及其他化纤混纺等。

③休闲衬衫。休闲衬衫衣身宽松，衣袖随意，长短不限，下摆多样。其面料风格依个人喜好自由选择，常给人以舒适、洒脱、轻松、自由之感（图 5-10）。

（3）裤装。

裤装是男装中下装的固定形式。裤子的种类繁多，有西裤、工装裤、运动裤、滑雪裤、牛仔裤、高尔夫球裤、马裤等。直线造型、宽窄适中的裤装简洁合体、舒适庄重；低腰紧身的裤装贴体、收敛、矫健、利落；宽松深裆的裤装随意轻快、灵活自然。随着时尚流行的变化，裤装的造型、结构、部件和面料都有了改变，设计者可以从造型变化、结构创意、部件设计、精美工艺和面料选择等方面入手，创造出裤装的多种风格和效果。

图 5-10　休闲衬衫

（4）便装夹克。

便装夹克长度较短，一般在腰胯之间，胸围和衣袖宽松适度，较为轻便灵活（图 5-11）。便装夹克从廓形上大体可分为 V 形 、T 形 、H 形。V 形的服装其肩部夸张，腰身宽松，风格粗犷；T 形的服装依据男性形体特征设计，基本合体，短小精悍，轻松简洁；H 形的服装属直身造型，宽松适度，大方利落。

便装夹克细节设计集中表现在领、肩、袖、门襟、育克、分割装饰造型和衣袋上。由于便装夹克在设计上很少有限定，因此设计师可以随意拓展自己的创意空间，运用各种设计要素与语言进行组合，大胆构思，自由发挥，以获得新颖别致的整体美感。

2．女装

女装款式变化极为丰富，按服装形态可分为单件式、套装、外套、裙、裤等。按用途可分为礼服、日常装、家居服、运动装、旅游便装、职业装、特殊服装、内衣等。如果把造型、色彩、面料和结构上的差异都算在内，女装的款式更为繁多。

图 5-11　便装夹克

但无论是哪一款，设计师与消费者所产生的共识都是建立在整体美、塑型美、款式美、色彩美、材质美、工艺美、风格美、机能美的基础上的。如西式礼服的端庄秀丽、热情性感；中式婚纱的清纯高雅、圣洁华贵；传统礼服的简练流畅、优雅飘逸；日常生活装的舒适随意、淡雅温馨；运动装的轻松自由、活泼灵便；职业装的庄重优雅、干练别致等。

总之，设计师要针对自己所积累的素材，运用美的法则合理组合，巧妙构思，创造出别样、唯美的艺术效果。

四、按目的分类的服装设计

1．销售服装

占服装总数 90% 的服装是用于市场销售的，因此设计的重点是促进销售。销售服装以营利为目的，是服装生产企业和经营商的经济行为，获利的份额在很大程度上取决于销售量的多少。销售服装既然以营利为目的，就需要生产企业考虑本产品与同类产品相比较是否具有竞争力，产品是否是受消费者喜爱的热销产品，产品的销售渠道是否通畅无阻等，也就是说，对于销售服装来讲，重要的是设计定位、价格定位和渠道定位。销售服装的设计定位与流行趋势密切相关，落后于流行的设计必会失去市场，而超前于流行的设计不一定足以唤起消费者的购买意识，因此对于品牌企业来说，既保持原有风格又能在色彩、造型、面料等方面与流行同步是企业发展的前提。同时，一个国家或地区的经济文化水平也制约着销售服装的销售前景，发达地区经济活跃以及人们的生活水平高，有利于销售服装的高位定价。另外，销售服装从设计的角度应注意工艺简洁，提高加工效率，降低产品成本。销售服装只有真正做到面料别致、设计新颖，有出色的中间商、经营商参与时，才能增加取胜的机会。

2．比赛服装

每年社会上都会举办各类服装比赛，主办者的目的各异，或为提高行业水准，或为提高主办商和赞助商的社会声誉，或为挖掘设计新人。目前在我国举办的服装设计比赛大体可分为两种形式：一种是创意设计，另一种是实用设计。创意设计比赛的服装要求主题明确、构思奇妙，因此无论从造型、色彩、工艺、面料还是设计方法上，设计者都力求创造非凡。实用设计比赛的服装旨在要求作品利于销售，成为批量化生产的品种之一，但由于评选者倾向于审美，不是消费大众，因此，获奖的未必名副其实。

3．发布服装

服装发布会的主旨在于宣传产品，树立品牌形象；发布流行信息，引导消费；征求服装订单，用于服装订货。由于服装发布的目的不同，因此设计构思的方式也不同。出于宣传品牌形象目的的发布会，要求设计带有鲜明的个性，极具渲染力，目标是抓住欣赏者的眼球，博得喝彩。目的在于发布流行信息的发布会，其服装既要超前又要实用，使实用服装作为流行信息的载体，便于消费者接纳。争取订货的发布会主旨在于促销，常常令设计者和生产商使出浑身解数，从产品设计、生产、销售到售后服务，每一环节都尽最大努力以赢得客户，把握商机。

4．表演服装

表演服装是进行服装表演时穿用的服装。主办者的目的多为宣传服饰文化或纯属娱乐。既然是以服装为内容的表演，就要考虑到编排的顺序、节奏、呼应和整体的协调性，以及舞台和灯光对演出效果的影响。在保证演出效果的前提下，还应充分考虑降低成本，提高效率。所以表演服装在面料、配饰和加工工艺选择等方面都要进行周密的成本核算。

5．指定服装

指定服装是根据客户的特殊需求而设计的服装。有些客户因市场销售的服装无法满足其特殊需求，因而要求专门设计。指定服装主要包括职业服、演出服和订制服。职业服的设计需按照不同的工作性质和工作环境，以及工作中人们的身份进行分类设计。如生产一线的工作人员所穿的职业服，其造型应较为宽松、干净、利落，没有悬挂飘逸的局部处理，重视功能性和安全性。机关事业单位和非生产一线的办公室人员所穿的职业服，其造型应适体，庄重严谨，工艺精致，以沉着明朗的色调为主，可以不考虑流行而自成一派。餐饮娱乐等服务性行业工作人员所穿的职业服，因行业差异较大而面貌各异。

总体来讲，服务行业的职业服造型简洁，轻松活泼；色彩以对比配色为主；局部设计新颖，注意服装与环境氛围的协调。军警、司法制服的造型挺拔、庄重、威严，职衔明确，强调严肃性和系列化。其色彩以纯度中等的常用色居多，这种制服的款式一般不会轻易更改。演出服装是装扮服装的一种，是舞台演出文艺节目时穿用的服装，注意舞台和远观效果，所以其造型夸张，色彩亮丽。订制服是面对个别对象或某一团体实施的设计。前者要尊重客户的心理需求，力求突出其独特气质，并给予合适的建议；后者要在造型、色彩、面料、辅料、装饰细节、工艺手段等方面与客户详细沟通并确定设计，量体裁制，最大限度地保证客户的满意度。

纵观世界的童装发展，是从实用性向艺术性发展的过程，但其中的文化乃至宗教的禁锢影响了服装的发展，使服装更趋于理性化。从某种角度来说，童装与成年人服装具有相似之处，这就包括了与服装相搭配的服饰品，而这些服饰品从创意设计到制作工艺都极具艺术性，与服装的搭配相得益彰。

童装里的文化

思考题

1. 为何对服装进行分类？
2. 时装、成衣、高级时装有什么联系和区别？请从实际设计角度进行分析。

课后项目练习

按照服装的类别，任意选择种类，设计 10 种实用服装，每种三款。分组讨论其操作可行性，并提出改善建议。

第六章
服装的风格设计

知识目标

掌握服装风格的种类、区别和实现方法。

能力目标

可通过造型、廓形、色彩、面料组合、细节和装饰方法设计不同风格的服装，形成设计稿。

第一节　服装风格的内涵

一、风格的概念

风格有两层含义，其一是指人在社会生活中的思想行为特点及个性表现特征。其二是指艺术创作中设计师对艺术的独到见解和运用创作手法表现出来的作品面貌、特征倾向。艺术风格形成于设计师对事物的特别认识和把握，其中设计师的性格、生活经历、审美趣味等对风格的形成有很大影响。

二、服装风格的概念

服装风格是服装设计师的设计思想和艺术素质在设计实践中的具体反映，并通过款式、造型、色彩、面料、工艺、着装方式等体现出来。这些形成风格的载体借助设计师的完美构思，给人以视觉上和精神上的感染和震撼。这种感染和震撼正是服装设计的灵魂，它建立在设计师丰富的文化积累、深厚的美学修养、独特的审美视角、优秀的专业素质的基础上。

三、服装风格的种类

服装风格可分为作品风格和产品风格，作品风格能较为强烈地反映出设计师的审美情趣、生活态度、文化修养、个人喜好、性格特征等；产品风格是服装产品体现的设计理念和流行风尚，是服装产品的设计定位。风格不同，适应的目标消费群体就不同，对市场的影响也不同。恰当的产品风格是产品取得成功的决定因素。

第二节　服装风格的划分

一、经典风格

经典风格是指在服装发展过程中经得起推敲、耐人寻味、跨越流行并对服装产生深远影响的设计。此种风格追求严谨和高雅、文静和含蓄的设计。如西服套装，正统而高贵，儒雅又有气度，不仅面料质优，而且做工精细。又如 ARMANI 品牌服装，其服装很少受时尚的影响，追求服装的高品位，尽管每一季度款式有所改变，但风格基本不变（图 6-1）。

二、优雅风格

优雅风格的服装强调精致感，其外观与品质华丽，衣身合体，造型简洁，是女性追求高雅的首选格调（图 6-2）。如 CHANEL 女装线条流畅，款式简洁，质料舒适，娴美优雅，塑造了女性的高贵形象。

图 6-1　经典风格服装　　　　图 6-2　优雅风格服装

三、民族风格

民族风格是汲取民族、民俗服饰元素，蕴含复古气息的服装风格（图6-3）。世界各地各民族的文化习俗、传统信仰、生活方式等是民族风格服装产生的前提。民族风格的服装正是借鉴了各民族服装的款式、色彩、图案、装饰等，借助新材料与流行元素进行调整，并赋予其时代理念的崭新设计。民族风格追求天然韵味和自然情调，重视整体与局部的装饰效果，怀旧、别致且时尚。例如我国的唐装，从面料色彩到款型纹样，无不折射出浓郁的民族特色，是典型的中式风格。

四、田园风格

田园风格从广袤的大自然和悠闲的乡村生活中汲取创作灵感，用服装表现其恬静、超然的魅力，追求棉、麻面料和自然花卉图案的天然本色，其廓形随意，线条舒展，没有繁复的装饰，平静而质朴（图6-4）。

五、浪漫风格

浪漫风格的服装容易让人产生幻想，其造型奇特，色彩纯净，节奏感强，强调装饰，整体效果飘逸、朦胧、瑰丽（图6-5）。

六、前卫风格

前卫风格与经典风格相对立，其造型特征怪异，设计元素新潮，追求时尚另类，非主流与开放（图6-6）。前卫风格的服装要求设计者和着装者都具有独特的审美追求，敏锐的审美洞察力，突破传统，标新立异。例如英国设计大师Vivienne Westwood设计的服装，怪异、反叛，他坚持性感就是时髦，风格独树一帜。

图6-3 民族风格　　　　图6-4 田园风格　　　　图6-5 浪漫风格　　　　图6-6 前卫风格

七、运动风格

运动风格借鉴运动装的设计语言，较多地运用块面分割，廓形自然宽松，色彩丰富鲜明，风格轻松愉快，充满活力（图6-7）。

八、都市风格

近年来由于人们生活方式、生存环境的改变，服装整体风格倾向于都市化，庄重、矜持、个性，款式简洁，线条利落，严谨中带有时尚，端正中渗透自信，与现代景观、生活节奏和都市文明相呼应（图6-8）。

九、休闲风格

与都市风格相对立，反映人们希望从现代工业文明所带来的工业污染、环境破坏和紧张而快节奏的城市生活中解脱出来的心理，在穿着与视觉上追求轻松随意、舒适自然，使着装者感觉回归自然。休闲风格的服装多使用自然元素，其款式简单、搭配自由、色彩柔和，体现单纯、质朴、亲切的美感（图6-9）。

图 6-7　运动风格　　　　　　　图 6-8　都市风格　　　　　　　图 6-9　休闲风格

十、简约风格

简约风格强调以简为美，符合现代人的审美标准和崇尚简约生活的心理。服装造型线性流畅自然，结构合体，没有烦琐装饰和多余的细节，却增加了服装的内涵和品位。部件设计少，面感强烈，色彩单纯，制作巧妙精致（图6-10）。

风格的称呼是比较抽象的，既有约定俗成的，也有设计者对设计定位的习惯用词，因人而异。除了以上几种风格，还有华丽风格、严谨风格、复古风格、未来风格、军旅风格、松散风格、繁复风格、舒展风格、中性风格等（图6-11～图6-13）。服装的发展与社会文明的进步同步，不同时期有不同的风格。在一定时期内受社会文化思潮、发展理念、政治和经济等综合因素的影响，某几种风格流行度高，即称为主流风格；另外一些风格追求个性化，便成为非主流。

图 6-10　简约风格

图 6-11　华丽风格　　　　　　　图 6-12　复古风格　　　　　　　图 6-13　军旅风格

第三节 服装风格的实现

　　服装风格是通过服装的设计语言和要素组合表现出来的艺术韵味，营造风格就是运用不同的理念传达美，是设计者、欣赏者和着装者对鲜明个性、精巧构思所产生的非凡视觉冲击和强烈心灵震撼的共同追求。

一、通过廓形实现风格

　　服装廓形是反映风格的主要要素，不同的廓形可以创造不同的审美体验，如用 X 形、Y 形、A 形创造经典；用 X 形、A 形、S 形传递优雅；用 H 形展示严谨、都市和简约；用 T 形、H 形表达中性和运动；用 O 形、方形展现随意与休闲；用三角形和倒梯形展现创意前卫；用 A 形、X 形展示华丽浪漫等。

二、通过色调实现风格

　　不同的色彩可以产生不同的视觉心理，色彩组合所产生的格调更不相同。服装的配色美可以强烈地吸引人的视线，进而传递情感。如藏蓝、酒红、墨绿、紫色等沉静高雅的古典色，通常创造经典；柔和、自然、成熟的灰色调显示优雅；鲜艳明亮的有色彩如红色、黄色、绿色以及无色彩中的白色具有运动风格，是轻快风格的象征；本白、栗色、咖啡色可创造自然田园的意境；金色、红色、亮黄、钴蓝、草绿给服装以华丽之感；浅芥绿、浅丁香、浅橘色、象牙白等颜色可以增加服装的浪漫格调。高纯度的色彩对比是民族风格的体现，明朗单纯的色彩常用于休闲、严谨、简约的风格设计。

三、通过细节和装饰实现风格

　　服装的细节造型和装饰手法是实现风格的构成要素之一，细节设计和装饰设计可以强调和烘托服装风格。

经典风格从造型元素角度讲，多使用线造型和面造型，因为线造型与面造型规整，没有过多的分割；较少使用点造型和体造型，因为点造型容易破坏经典风格的简洁高雅。在细节上如常规领形、直筒装袖，对称式门襟等较常用，采用局部装饰如佩戴领结、领花、礼帽等配件。

优雅风格可以使用点、线、面造型，较少使用体造型。面造型居多而且较为规整；线造型以规则的分割线和装饰线出现，衣身较合体，讲究廓形曲线。在细节上翻领、驳领较多，筒形装袖，对称门襟，嵌线袋、无袋或小贴袋，风格简练华丽、朴素高雅。

民族风格可以灵活运用各种造型元素，注意细节设计，常用一些特色元素，如中式对襟、精美刺绣、精致盘扣等，在装饰工艺上讲究挑花、补花、相拼、抽纱、扎染、蜡染等，在少数民族服饰中尤其重视头饰、颈饰、腰饰的搭配。

浪漫风格造型精致奇特，局部处理细腻，其吊带、褶皱、各种边饰等最能表达浪漫格调。

前卫风格可以同时使用多种造型交错排列，不求规整，只求标新立异、反叛刺激，体造型居多，局部造型夸张、突出、无序，形态怪异。在细节上衣领夸张，衣身不对称；结构线和装饰线错位，分割随意；袖身、袋形多变，装饰手法荒诞离奇，如毛边、破洞、磨旧、打补丁等。

运动风格以线、面造型为主，线造型多是圆润的弧线和直线，面造型多以拼接形式出现，点造型则以小的装饰图案和商标来体现；细节上圆领、V领、普通翻领较多，多用直身宽松廓形；常用插肩袖，袖口紧小；对称门襟，拉链连接；装饰商标是运动风格服装的亮点。

休闲风格用点、线、面、体造型均能实现，点可以是图案、装饰，线自然随意，面重叠交替，体作为局部处理，整体设计注重搭配。

简约风格灵活地运用线、面造型，廓形呈直线，线条顺畅自然，装饰细节设计精细、巧妙，分割设计少而别致，部件布局别有韵味。

华丽风格多使用点造型与体造型结合的方式，线设计多变，装饰烦琐，部件复杂，要素对比夸张，节奏感强。

严谨风格的线、面造型较多，线形简练，以弧线为主，结构紧身合体，注意细部设计，款式精致。

繁复风格的服装强调使用点、线、体造型，风格复杂，局部设计烦琐，附件多，装饰丰富。

四、通过面料组合实现风格

面料的材质、色调、造型对服装的风格都起着至关重要的作用。同种面料因造型、色彩、工艺手法的不同给人的印象也不同，不同的面料组合更是风格各异。

经典风格的服装多选用彩色、单色或带有传统条纹和格子的精纺面料，质感饱满，塑型性好，可提升和保持服装的品质。

浪漫风格的服装多选用轻薄柔软、滑爽飘逸、悬垂性好且极具光感的面料，显得华美高贵。

前卫风格的服装多选用奇特新潮面料，面料越超前越刺激，效果越好。

运动风格的服装多选用弹性与舒适性较好的针织面料。

休闲风格的服装则采用天然面料中的棉、麻等，强调面料的肌理效果。

严谨风格服装的面料宜精致而有弹性。

优雅风格服装的面料追求档次和精致。

都市风格的服装常选用精纺毛料。

舒展风格服装的面料柔软且悬垂性好。

松散风格服装的面料相对疏松粗糙。

当服装遇到了高科技，会有怎样的奇妙反应？

当服装遇到了高科技

思考题

1. 请结合实例谈谈设计师风格对服装风格的影响。
2. 为什么要对服装进行风格划分？

课后项目练习

1. 在服装风格分类中列举了 10 种风格，每种风格设计 3 款服装并形成完整的设计稿。

2. 针对优雅风格、经典风格、民族风格、田园风格、前卫风格、浪漫风格、运动风格、都市风格各设计 2 款服装。

第七章
服装设计的程序

第一节　设计过程

一、设计指令

设计指令是指对设计的要求与启发，设计指令包括两个方面：

（1）客观指令。

客观指令来源于服装对象的客观要求，如果是参加设计比赛，设计师需在弄清比赛目的、主题思想、服装风格、各种规定以后以各种形式表现自己的设计个性和设计意图，从设计、构图到表现技巧都要赋予其新意和艺术感染力。色彩上要注意画面与背景的搭配，构图上要协调规范。如果是为企业设计产品还需弄清该产品的背景和风格倾向；如果是订制服装，则需面向对象弄清其具体要求，包括种类、数量、面料、交货日期等。

（2）灵感指令。

服装设计属于艺术创作，会因灵感突发引起创作欲望，从而产生设计。所以有的设计师为设计的需要会千方百计地寻找灵感，促进设计生成。

二、创意构思

在明确设计指令或搜寻到设计灵感之后，设计师主要开始酝酿、构思、搜索设计所需的造型、色彩、面料和结构工艺要求，合理取材、组合，生成模糊的意向并予以标记，认真筛选后进行深入细致的创意表达。

三、服装的设计表达形式

1．服装效果图

服装效果图是指结合人物造型来表现的、有真实穿着效果生动形象的设计图。可通过手绘或电脑辅助设计完成。

2．服装款式图

服装款式图是指着重以平面图形特征表现的、含有细节说明的设计图。

四、结构设计

结构设计又称打版，结构设计的目的是把三维的服装设计图转化成二维的平面裁剪图，以实现对面料及辅料的裁剪制作。相同的款式由于打版时的平面裁剪方法不同，对设计效果的把握也不同，使制作出来的服装效果也不一样。有经验的打版师会准确理解设计师的设计并通过版型和后续制作把设计师的创意完美地呈现出来。

五、坯样

坯样是指为了确保样衣的质量，先用代用材料按照结构设计的结果试制出的初级样衣，以便发现结构设计中的不合理之处，易于修正。坯样主要用来确定服装立体状态的合理性和美观性。

六、试衣

坯样完成后，通过真人试穿或模特架试穿验证着装效果和适体性，当其适体并与设计意图吻合时方能进入下一步裁剪，否则要重新修正再做坯样，因此有的坯样使用假缝的方式，直到达到满意的效果为止。

七、裁剪

核准确认满意的坯样纸样，用于裁剪。裁剪前要对面料做准备处理，如预缩、清洁和表面处理等。裁剪中对可能修正的部位需放足缝份。

八、缝制

按工艺设计的要求制作实样。实样的制作有严格的标准，以便为批量化生产提供技术参照指标。实样达到预期结果后设计阶段结束，接下来是开展生产和销售等工作。

第二节 设计稿的形式

设计过程中的创意表达在定稿后可分为完整型设计稿和简略型设计稿两种。

一、完整型设计稿

完整型设计稿是一种非常正规的设计稿，可用于求职、参赛、投标、执行设计任务等。完整型设计稿从构思、人物造型、着装效果、背面造型、细节表现和文字说明等方面均要求独特、巧妙、精细、直观。

构思是其第一步。构思就是要围绕设计指令展开大量丰富的奇思妙想，予以归纳和选择，落实在设计草图里，经过反复斟酌推敲，抽象出最符合指令的创意，加以细化，直至定稿。

人物造型是指设计中为了表达服装设计效果而选择的模特造型，这里模特的动态和神态都要与服装的内涵和风格相呼应。如身着经典、优雅服装的模特动态夸张是不合适的；让浪漫、飘逸的服装穿在较为拘谨的模特身上也不合适。不仅如此，还要注意画面的整体布局和协调性。

着装效果是服装穿在模特身上后通过绘画技巧和方法所体现出来的服装的艺术效果，包括服装的内在美、动态美以及面料的质感美。着装效果图的优劣是衡量设计师设计水准的重要标志。

背面效果的表达是二维空间服装正面效果的补充，背面造型一般画在效果图的边上，采用单线式即可，同样需传递视觉美感。

细节表现在服装设计稿中是需要加以强调的，设计稿是结构制图和加工工艺的依据，个别设计稿的局部设计较为细腻、丰富，针对这一细节，需局部放大处理，以清晰表达。

文字说明用以对设计效果图无法表达的部分进行补充说明，如设计主题、工艺要求、面料要求、尺寸规格、配色方案、面料小样提供等。文字说明以精炼、明确、适当为标准。文字说明不应破坏画面的整体效果，要保证图稿的整体美。

总体上讲，完整型设计稿的画面上有 5 个部分：着装效果图，背面造型，文字说明，面辅料小样和配色标识（图 7-1）。

图 7-1 完整型设计稿

二、简略型设计稿

简略型设计稿可分为两种，一种为设计构思草图；另一种为工厂使用设计稿（图7-2）。简略型设计稿是企业内部使用的设计稿，强调可读性、实用性和可操作性，因此设计稿要求清晰、规范、明确、具体，主要用来为生产提供技术依据。简略型设计稿的构思与完整型设计稿相同，只是艺术效果最大限度地简化。其款式图是平面造型图，以单线形式表现，正反面款式大小一致，服装各部位比例准确，没有着装效果。

简略型设计稿中的细节表现多以图示形式出现，细致而准确，直接用于打版和生产的参考。由于组织生产的需要，简略型设计稿的文字说明部分非常详细，其吊牌名称、款式、编号、规格、尺寸、面辅料样本等一一详尽列出，类似于生产订单。

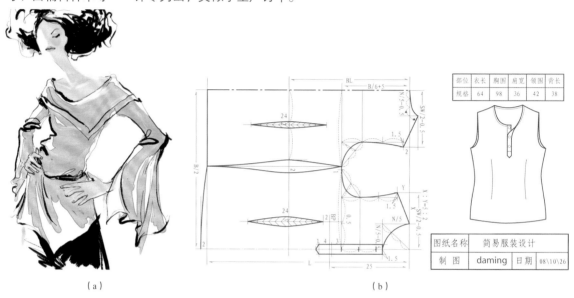

（a）　　　　　　　　　　　　　　　（b）

图7-2 简略型设计稿

（a）设计构思草图；（b）工厂使用设计稿

第三节　品牌成衣的设计程序

成衣是按照一定型号、规格、尺寸批量生产，面向大众销售的服装。人们追求优良品质和卓越品位的消费意识，促使企业逐渐形成了各自的品牌经营理念，品牌设计成为品牌企业发展的核心。品牌企业在整个服装设计中首先要充分认识国际和国内服装市场、确立目标市场、确定品牌定位，然后实施产品开发。

一、设计定位

对于品牌企业来说，强调的是商品意识，设计定位主要是寻找目标消费群体，设计师只有抓住了消费者的心理需求才能把握市场，取得成功。

1. 目标市场定位

目标市场定位是指确定品牌所针对的消费者群体。服装的目标市场有很多切入点，可以围绕消费对象按不同年龄、性别、性格、职业、收入、地区、民族、习俗、生活状态、穿着习惯等详细划分。其中，年龄层次、生活方式、消费观点、产品档次对目标市场影响较大，随着社会文明的进步、生活水平的改善以及着装观念的更新，人们的消费需求也发生了很多的变化。例如曾经的服装因穿着者年龄的不同而差异较大，现代消费却明显打破了这一界限；随着非工作性生活方式的流行，人们越来越偏好运动、轻便和休闲服装。这些都要求品牌企业对目标市场加以细化，以便于把握。

2．产品类别定位

产品类别定位可使品牌服装明确主攻方向，明确每种产品在产品线中的地位。纵观许多国际著名服装品牌，几乎每一种品牌都有其主打产品和一些相对弱势的辅助产品，这与企业的发展背景和经营理念密切相关。品牌企业在产品类别定位时通常会确定主打产品和辅助产品的比例，主打产品是销售利润的主要来源，辅助产品多用于带动主打产品的销售。例如商场会在冬季品牌产品的卖场里陈列内衣，意在给消费者留下完整的产品形象，进而带动冬季产品销售。

3．产品风格定位

产品风格就是产品所表现出的设计理念和独特趣味，成功的品牌产品有其明显的风格特征，产品的风格特征决定消费对象的范围。服装在设计理念、消费理念的驱动下，因流行因素、设计元素和品牌定位的影响，同一风格可以被演绎为多种款型，使服装的内涵和外延不断变化，通常品牌企业产品的风格一旦被确定就不能轻易更改，以免使消费者产生误解从而减弱品牌的风格形象。成熟的品牌企业往往通过开发二线产品或副牌的方式，使其产品满足更多人的需要。

4．品牌定位

品牌定位是品牌服装的市场定位，它包含品牌概念、品牌形象、目标市场、产品属性、产品品质和销售手段等。具有一定认知度和完整形象，并有一定商业信誉的产品系统和服务系统才能称为品牌，而且完整品牌的开发系统、生产系统、形象系统、营销系统、服务系统和管理系统都是基于品牌运作展开的。产品本身的形象、宣传形象、卖场形象和服务形象构成了品牌形象。品牌形象一旦被消费者认知并被消费者接纳，其所产生的社会效应，便成了为品牌企业带来利润空间的无形资产。品牌产品在质量信誉、销售方式上与非品牌产品有较大的差异。品牌产品可以依据主流和非主流或空位方式定位，主流产品跟随流行、顺应市场，是市场的主导产品；非主流产品追求个性、另类，适于走中高档路线，能引导流行；空位产品就是品牌企业力求寻找市场中风格和品种上的空档或空缺作为自己的发展方向。

二、品牌成衣的设计步骤

品牌产品依据市场和企业的具体情况，从构思到设计完成有规范的程序，目的在于最大限度地实现产品的市场认知。

1．接受设计任务

无论是服装公司还是设计师在接受任务时，都要明确品牌风格、目标市场、产品类别、销售季节、营销环境以及设计任务的种类、数量、交付日期和责任等。

2．市场调研

市场调研的目的是弄清服装市场的系统，找准品牌的定位方向，为市场决策提供依据。市场调研可以采用观察法、统计法、问卷法，也可以直接询问调查对象，如销售系统的工作人员和消费者等。调研的内容可根据具体的目的展开，如果是对服装的现状进行调研，则调研的方向是市场现状与流行趋势、市场格局、产品销售、价格、商场环境、产品在市场中所处的地位以及同行同档次竞争对手的状况。商场如战场，知己知彼，才能获胜。另外市场调研还包括对设计要素的调研，如色彩、图案、造型设计的趋向和流行面料、缝制工艺等。只有在调研基础上实施的设计才能更好地把握市场动向。

3．资讯整理

品牌企业运作中的资讯是指企业背景资料、市场调研资料以及国际国内最新流行导向的相关信息，如最新科技成果、最新面料、文化动态、艺术流派、流行色等。这些资讯是设计师进行设计的主要依据，设计师会依据信息的处理提出设计方案。

4．设计方案的提出

品牌企业的设计部门和设计师在了解企业现有生产和销售的情况后，根据品牌定位的目标消费群、产品风格的定位和市场调查的结果，提出半年以后的产品设计方案，如设计的着眼点，设计的主题风格以及与风格相协调的色彩、面料、造型等，通过各种概念图的形式来表达，并向公司的各个职能部门展示，经协商修改后审定。概念图包括设计的主题、创意、系列产品的配色选择、面料及其在系列产品中的搭配选择、造型设计的特征等（图7-3～图7-6）。

图7-3　主题概念

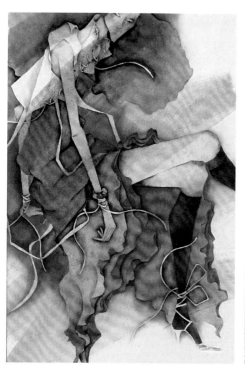

图7-4　色彩概念

图7-5　面料概念

图 7-6　产品概念

5．面料选择

面料是实现设计概念的物质前提。合适的面料是设计质量的保证。设计师在设计中需不断地寻找符合品牌定位的原材料，如果设计师在面料展示会上不能发现中意的面料也可自行设计并寻找面料厂家为其加工。

6．款式设计与开发

确定了设计概念以后就开始进入产品的设计阶段，包括服装色彩系列设计、服装款式系列设计、服装纹样系列设计、服装面料组合设计、服装搭配组合设计和设计说明等。首先进行设计构思，设计构思的方法很多，如同形异构法、局部改进法、转移法、变更法、组合法、限定法、加减法、极限法、反对法、分离法、整体法、局部法等。然后绘制着装效果图和平面款式图，确定设计方案。由于受市场和销售因素的影响，投入生产的服装常常由设计师或设计群体、企划主管、营销主管一起协商选定。

7．样衣试制与展示，批量生产和销售

样衣的制作是指对设计意图实施完美物化，并根据需要拍摄画册、布置静态展示、举办动态发布会以接受客户订货，然后投入批量生产，确定销售计划。

视　角

我国品牌服装发展的
历史和现状

　　"品牌"在市场中不仅仅是一个简单的名称、一个名词术语、一个容易被消费者认知的标记、一个印象深刻的符号或图案。在当今社会，"品牌"已成为一个企业的无形资产，这些无形资产向人们透露着各自不同的商品信息，成为企业的靓丽名片。

思考题

1. 设计的灵感指令与客观指令对设计构思的影响有哪些？
2. 分析简略型设计稿和完整型设计稿的异同。

课后项目练习

　　1. 自己构思主题并完成设计，分别用完整型设计稿与简略型设计稿表达；分组相互讨论，共同分析其整体效果、实用性、合理性、可行性。

　　2. 自己模拟一个品牌成衣的设计程序。

　　3. 分组讨论某一习作品牌产品的可操作性。

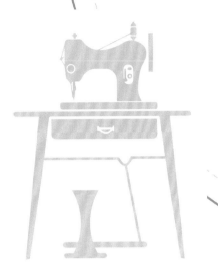

第八章
系列服装设计

知识目标

　　了解系列服装的内涵，掌握系列服装的设计方法和形成系列服装的条件、设计思路、设计步骤。

能力目标

　　运用系列服装的设计方法实现设计和系列搭配设计。

第一节　系列服装的设计条件

一、系列服装设计的概念

　　服装设计是建立在款式、色彩、材料三大基础之上的。其中任何一方面相同而另外两方面不同都能使服装产生协调统一感，进而形成不同的设计系列。因此在服装设计中，具有相同或相似的元素，又有一定的次序和内部关联的设计便可形成系列。也就是说系列服装设计的基本要求就是同一系列设计元素的组合，具有关联性和秩序性。

在人类追求多元化生活的今天，系列服装设计不仅可以满足消费者的求异需求，也可以满足不同层次的消费需要。设计师在不同的主题设计中，从款式、色彩到面料系统地进行系列产品设计，可以充分展示系列服装的多层内涵，充分表达品牌的主题形象、设计风格和设计理念，并且以整体系列形式出现的服装，从强调重复细节、循环变化中可以产生强烈的视觉冲击力，提升视觉感染效果。通过系列要素的组合，可使服装传递一种文化理念。

二、系列服装的设计条件

服装设计要遵循5W1P原则，系列服装也不例外。除此，系列服装还要注重设计的主题、风格、品类、品质和技术定位。

1. 主题定位

服装设计的主题是服装的主要思想和内容，是服装精神内涵的体现。设计者通过设计元素对主题的表达和把握与欣赏者进行沟通与交流，使欣赏者读出其中的神韵，与之产生共鸣。设计有了主题就有了明确的方向，围绕主题进行的设计元素筛选、设计语言提炼、设计内容取舍等都有了依据，因而无论是实用服装设计还是创意服装设计都不能离开主题的定位。

2. 风格定位

服装创意构思的第一步就是进行风格定位，如传统经典的、优雅高贵的、繁复华丽的、简洁清纯的、文静持重的、活泼开朗的、都市休闲的、时尚前卫的等。风格定位是系列服装设计的关键，应使主题鲜明，创意独特灵活，既要结合流行趋势有超前意识，又要在品位格调和细节变化上与众不同。

3. 品类定位

系列服装在确定了设计主题和风格后，就要对产品定位以及对配搭产品的品种和对系列产品的色调、装饰手段、选材和面料等进行选择，其原则是烘托主题、强调风格、力求完美。

4. 品质定位和技术定位

在系列服装的主题、风格、品类定位后，就要对系列服装的品质期望做一个综合分析，以确定所选用面料的档次和价位。品牌成衣系列服装的品质定位以提高品质与降低成本为主。系列服装设计要考虑技术要求和现有条件的可行性，尽量选择工艺简单、容易出效果的加工制作技术。如创意系列设计要在能实现的技术范围内发挥创造性，实用系列设计应简化工序、降低生产成本、提高市场竞争力。

第二节　系列服装的设计形式

系列服装多是在单品服装设计的基础上，巧妙地运用设计元素，从风格、主题、造型、材料、装饰工艺、功能等角度依赖美的形式法则，创意构思产品。通过款式特征、面料肌理、色彩配置、图案运用、装饰细节体现奢华、优雅、刺激、端庄、明快、自然等设计情调。系列服装可以通过同形异构法、整体法、局部法、反对法、组合法、变更法、移位法和加减法等形成不同的系列。

一、题材系列

主题是服装设计的决定因素，无论是创意服装还是实用服装的设计，都是对主题的诠释和表达，是以造型要素、色彩搭配和材质选择作为内容来围绕主题进行的创作。单品服装设计没有主题就没有精神内涵和欣赏空间，系列服装没有主题就会杂乱无序。可见，主题是设计的核心（图8-1）。

图 8-1　运动主题系列

二、廓形系列

廓形系列是依据服装外部廓形的相似和内部细节的变化衍生出的多种设计（图 8-2）。廓形系列强调廓形具有的特征，内部结构细节变化丰富且有秩序感和节奏感，服从于外廓造型，不能喧宾夺主，破坏系列设计的完整。为突出系列性，还可在色彩和面料上进一步斟酌。

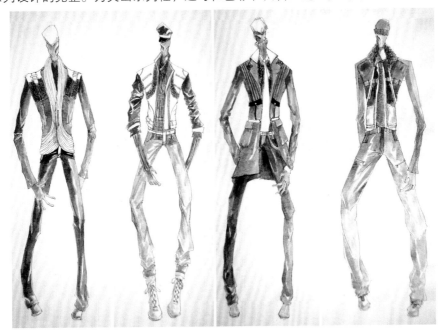

图 8-2　廓形系列

三、色彩系列

色彩系列是以一组色彩作为系列服装的统一要素，通过运用纯度及明度的差异、渐变、重复、相同、类似等配置，追求形式上的变化和统一（图 8-3）。其形式有以下四种：

（1）通过单一色相实现统一的色相系列。如系列服装中的每一款都有相同明度和纯度的红色即红色系列等。

（2）通过色彩明度实现统一的系列或系列服装中的主色调通过明度变化支配着整个系列。如亮黄色系列、黑蓝色系列等。

（3）通过色彩的纯度和含灰度支配的系列。如蓝紫色系列等。

（4）通过无色彩的黑、白、灰形成的系列。

色彩系列的服装由于色调的统一和造型与材质的随意变化，使整体系列表现出丰富的层次感和灵活性，但在以色彩为统一要素的系列设计中，色彩不可以太弱，以免削弱其系列特征。

四、细节造型系列

细节造型系列是把服装中的某些细节造型元素作为系列元素，使之成为整个服装系列的关联要素，通过这种或这群元素的相同、相近、大小、比例、颜色和位置的变化，使整个系列产生丰富的层次感和统一感（图8-4）。

图 8-3　色彩系列

图 8-4　细节造型系列

五、面料系列

面料系列服装主要通过面料对比、组合等方式，依靠面料特色，创造出强烈的视觉效果（图8-5）。可依赖面料的较强个性和风格，也可依赖面料的肌理和二次造型，加上款式的变化和色彩的表现，使面料系列产生较强的视觉冲击力。

六、工艺系列

工艺系列是把特色工艺作为系列服装的关联要素，如镶边、嵌线、饰边、绣花、打褶、镂空、缉明线、装饰线、结构线、印染图案等，在多套服装中反复运用而产生不同的系列感和统一美

图 8-5　面料系列

感，形成系列工艺、特色工艺或者是设计视点，再与服装的造型和色彩配合，从而表达出系列服装的设计特色和完美品质（图8-6）。

图 8-6　工艺系列

七、饰品系列

饰品系列是通过对饰品的系列设计使服装产生系列感。饰品可以通过自身的美感与风格突出服装的风格与效果。通常通过饰品产生系列感的服装，造型较为简洁，饰品较为灵活、生动，具有变化、统一、对比、协调的视觉魅力（图8-7）。

图 8-7　饰品系列

第三节　系列服装的设计思路与步骤

一、系列服装的设计思路

系列服装设计是把设计从单品扩展为系列，多方位综合表达设计构思。单品设计强调个体或单套美，系列设计则重视整个系列多套服装的层次感和统一美，简单来说就是要充分挖掘围绕某一主题的设计元素并进行合理组合与搭配，形成多款设计，使之产生系列感、秩序感和协调感。设计思路可以从以下几方面展开：

1．整体造型

整体造型类似于服装设计中的整体法，以某一整体造型为原型进行拓展，开发出多款与之相关、相似的造型形成系列。参观服装表演的服装设计爱好者会有这样的感觉，当其中某一款给他留下深刻印象时，就会设想在款型的基础上进行改造使之更新颖、更完美，因此便形成造型系列；或者试图在外形或款型更改不大的前提下对色彩加以调整，给人以新感觉，进而形成新系列。

2．细节和饰品

在服装设计中，细节的变化最为繁复多样。在设计中可以尽情地选择风格统一的要素进行重组、循环、衍生等变化，使之产生系列化的效果。如局部细节款型、图案、工艺、部件、镶拼等，都可以作为系列化设计的要素。用局部法创意出系列服装，最简单的做法是将相同元素通过位置改变或变形、将不同元素通过加减组合，出现在不同款型里，使不同款型具有统一感和系列感。

饰品和细节有所不同，它不属于服装的构成部分，是服装的装饰、配搭、组成部分，它比细节设计更加灵活。饰品的不同组合可以产生不同风格，拓展系列化设计的思维，可增强系列设计的效果。

3．系列设计的套数

系列化服装设计最少是两套，一般是三套以上。小系列的设计空间大些，可以自由发挥；大系列的设计难度高些，受面料、造型、工艺的限制较多。因此，小系列款式宜复杂化，大系列款式宜简洁化。

二、系列服装的设计步骤

1．选择系列形式

首先要确定设计的系列是以风格、廓形、色彩、面料、工艺或饰品形式中的哪一种为主题。并围绕形式选择设计语言、组织设计素材、开始创意构思。

2．整合系列要素

设计师在系列设计过程中，要从艺术和审美的角度，对色彩、款式、造型等设计要素进行变化创造，追求新意。对结构、细节、工艺等进行合理取舍，以符合形式要求，彰显主题。对于品牌成衣来说，要考虑机械化生产的可能性。

3．创意表达

所有系列要素，经模糊构思选定后需进行系列服装的草图设计，其设计除了要考虑主题、风格、形式等，还要力求创意新颖、构思独特、表达奇妙。

4．设计调整

在完成系列服装设计的创意表达之后，设计者要认真检索每套服装间的相关性和协调性、细节设计布局安排的合理性，随后进行调整、改进。

参赛服装系列的设计依据设计主题和任务的要求实施设计，完成设计即可。而对于品牌成衣来说，完成单一系列设计之后，还需考虑系列间的搭配，这是品牌公司经营的策略，也是消费者的消费需求。首先品牌公司经营的服装产品系列设计有时是相互并列、不分主次的，有时是以某几个系列为主、其他系列为辅的，无论是主要系列产品间还是辅助系列产品间甚至主要与辅助系列产品间，都涉及搭配问题。其次，消费者在认可某一品牌之后，当然希望自己所选的服装有更宽泛的搭配性，所以在品牌成衣系列设计中，其色彩、款型、结构、面料、工艺等设计要素的协调和风格的统一非常重要。

校服最早起源于欧洲。由于战争的原因，导致部分家庭生活艰难，学校为了使出身于这样家庭的学生不会因为自己家庭困难而产生自卑感、优越感，于是规定每个学生在校时必须穿相同的衣服。后来这种观念被大多数学校所接纳，纷纷规定学生穿同样的衣服上学。在中国，自从辛亥革命以来，校服的变迁追随着历史的脚步一路蜿蜒前进，承载着我们每个人少年时代几乎全部的欢笑和泪水，在我们记忆里熠熠生辉。

新时代校服系列

思考题

1. 简述系列服装的设计条件。
2. 简述服装的设计步骤。

课后项目练习

1. 以题材、面料、廓形和色彩等形式设计系列女装，要求用完整型设计稿表达，每个系列 3～7 款。

2. 以题材、面料、廓形和色彩等形式设计系列男装，要求用简略型设计稿表达，每个系列 3～7 款。

第九章
服装设计大师与著名服装品牌

知识目标

　　通过本章的学习，了解国内外著名的服装品牌；熟悉服装设计大师的设计风格；为以后服装设计的学习建立目标和方向。

能力目标

　　熟悉设计大师的设计风格并汲取其中的长处。

第一节　服装设计大师

　　在世界近现代服装设计领域，有许多著名设计大师对现代的服装设计产生了巨大影响。

一、嘎布里埃尔·香奈儿（Gabrielle Chanel，1883—1971）

　　香奈儿，巴黎高级时装设计师，出生于法国，20世纪最具影响力的设计师之一。1910年，她在巴黎的坎朋街开设了一个小小的帽子店，并别出心裁地以当时用来做帽子的针织物来做衣服。第一次世界大战后，她敏感地抓住社会的变化，设计管子状女装，领导了 20 世纪 20 年代的流行趋势。著名的"香奈儿样式"就创始于 20 世纪 20 年代。其时装永远有着高雅、简洁、精美的风格。她善于突破传统，早在 20 世纪 40 年代就成功地将"五花大绑"的女装设计得简单、舒适，堪称最早的现代休闲服。香奈儿最了解女性，其产品种类繁多，每个女性在香奈儿的世界里总能找到适合自己的服装。在欧美上流女性社会中甚至流传着这样一句话："当你找不到合适的服装时，就穿香奈儿套装。"

二、查尔斯·夫莱戴里克·沃斯（Charles Frederick Worth，1825—1895）

查尔斯·夫莱戴里克·沃斯是巴黎高级时装业的创始人，1825 年出生于英国。1858 年，他在德拉派大街创建了自己的时装店。他把新设计的服装让工作室的姑娘穿起来向顾客展示推销，开创了服装表演（作品展示形式）和时装模特儿（新的职业）的先河；他还自己选购衣料，自己设计并在自己的工作室里制作，雇佣专属自己的时装模特儿每年向特定的顾客举办作品发布会等，创立了一系列独特的经营方式，是现在巴黎高级时装业的原型。他还是第一个向美国和英国的成衣厂商出售设计的设计师，他的成就引来许多设计师的效仿。可以说，是他使巴黎逐渐确立了其在高级时装行业"世界时装发源地"和"世界流行中心"的国际地位。

三、夏帕瑞丽（Elsa Schiaparelli，1890—1973）

传奇服装设计师夏帕瑞丽，在 20 世纪 30 年代影响了整个巴黎。早期她以设计帽子起家，一出道即颇受瞩目，迫使当时的时装女王香奈儿也不得不对她刮目相看。

夏帕瑞丽对时尚最大的贡献在于她带领时尚渡过了 20 世纪三四十年代的转型期。她在设计上屡屡有惊人表现，其风格大胆、前卫，甚至带有一点娱乐性，令人印象深刻。她设计的时装最注重女性的肩部和胸部，当时她曾尝试将男性垫肩加入女性服装里，被认为是相当具有想象力的创造。其超现实的设计观念和手法，替她博得了"Shocking Elsa"的称号。夏帕瑞丽的时装留给人们的是耐人寻味的记忆，她创造了富有艺术趣味的服装，突破了高级时装的种种禁区，重新创造出了具有优美曲线造型的女装。

四、克里斯汀·迪奥（Christian Dior，1905—1957）

迪奥，巴黎高级时装设计师，生于法国，曾参加第二次世界大战，退伍后进鲁希安鲁伦店工作。1946 年年底，他创建了迪奥高级时装店。1947 年 2 月，他在首次作品发布会上推出"花冠形"服装，其极富传统女性特点的优雅作品使迪奥一举成名。巴黎的高级时装业再次走向辉煌，迪奥领导了后来 10 年的流行风尚，几乎每个季节都有新作推出。在短短 10 年间，迪奥用他超人的天赋和精美的杰作赢得了世界女性的芳心，被誉为"流行之神""时装之王""时装界的独裁者"。

五、玛丽·奎恩特（Mary Quant，1934— ）

玛丽·奎恩特开创了服装史上裙下摆最短的时代。她设计的"迷你裙"冲击了英国及世界大部分人对服装的传统观念，开启了时装领域里长久封闭的窗户。人类服装史上首次出现如此之短的裙子，让玛丽·奎恩特赢得了全世界的关注。她不同于以往的设计大师，不是一个自始至终的时装家。作为"迷你裙之母"，她在 20 世纪 60 年代的伦敦时装界刮起了狂风，成了这场运动的领袖。玛丽·奎恩特像一颗彗星一样迅速升起，像烟花一样光芒四射，但又很快在时装界里消逝了。这是一位独特的、在服装史上不可忽视的重要的设计大师。

六、乔治·阿玛尼（Giorgio Armani，1934— ）

1975 年，阿玛尼和加莱奥蒂创办了自己的公司——乔治·阿玛尼有限公司，并确立了阿玛尼商标，"乔治·阿玛尼"品牌正式诞生。当年 7 月，阿玛尼推出无线条无结构的男式夹克，在时装界掀起了一场革命。他的设计轻松自然，在看似不经意的剪裁下隐约凸显人体的美感，既不同于 20 世纪 60 年代紧束男性身躯的乏味套装，也不同于当时流行的嬉皮风格。3 个月后，阿玛尼推出了一款松散的女式夹克，采用传统男装的布料，与男式夹克一样简单柔软，并透露着些许男性威严。此后，阿玛尼与法国时装大师保罗·波烈和香奈儿一样，对女装款式进行了前所未有的大胆颠覆，从而使阿玛尼时装成为高级职业女性的最爱。

在将艺术创意与商业运作相结合方面，阿玛尼一直是位大师。他的成衣利润在业内是最高的，虽然他开拓了大量新的产品线，但其品牌一直不掉价。时至今日，阿玛尼公司的业务已遍及一百多个国家和地区，其产品种类除了服装外，还包括领带、眼镜、丝巾、皮件、鞋子、香水等，这些配件也和服装一样，无不讲求精致的质感与简单的线条，透露着阿玛尼式的"随意优雅"。乔治·阿玛尼品牌服装的面料都相当昂贵，为了满足大众对品牌的需求，较为便宜的副牌服装使用的面料多为最新技术合成纤维，难以仿制。

七、维维安·韦斯特伍德（Vivienne Westwood，1941— ）

维维安·韦斯特伍德是英国时装设计师，是时装界的"朋克之母"。其设计最令人赞赏的是她从传统历史服装里取材并将其转化为现代风格的设计手法。她不断将 17、18 世纪传统服装里的特质拿来加以演绎，以特别的手法将街头流行元素成功地带入时尚领域；还将苏格兰格子纹的魅力发挥得淋漓尽致，把英国魅力推到了最高点。从传统中找寻创作元素，将过时的束胸、厚底高跟鞋以及经典的苏格兰格纹等设计重新发挥，使其再度成为崭新的时髦流行品，这无疑是维维安创造经典作品的秘诀。

20 世纪 80 年代初期，维维安的设计风格开始脱离强烈的社会意识和政治批判，重视剪裁及材质运用，她早期所创作的多重波浪的裙子、荷叶边、皮带盘扣海盗帽和长筒靴等带有浪漫色彩的海盗风格，一跃上国际流行舞台就备受瞩目。20 世纪 80 年代中期，维维安开始探索古典及英国的传统。20 世纪 90 年代，维维安设计出的不规则的剪裁和结构夸张繁复的无厘头穿搭方式、不同材质和花色的对比搭配等，成为其独特风格。

八、亚历山大·麦克奎恩（Alexander MacQueen，1969—2010）

亚历山大·麦克奎恩于 1992 年自创品牌。1993 年，他在伦敦成立自己的设计工作室，在伦敦的一次时装展中被《Vogue》的著名时装记者伊莎贝拉·布罗（Isabella Blow）采访报道，使他从此走上国际舞台。1996 年，他为法国著名的"纪梵希"（Givenchy）设计室设计成衣系列。1997 年，他取代约翰·加利亚诺担任 Givenchy 这个法国顶尖品牌的首席设计师。1998 年，他设计的"'纪梵希'1999 春 / 秋时装展"在巴黎时装周上获得一致好评。

第二节　国内外著名服装品牌

一、国外著名服装品牌

1. 路易·威登（LV）

（1）创办人：路易·威登（Louis Vuitton）。

（2）设计师：马克·雅可布（Marc Jacobs）。

（3）发源地：法国。

（4）成立年份：1854年。

（5）主要产品：皮具产品（手袋、行李箱、公事包等）、时装成衣、鞋履、腕表、高级珠宝、书写用品及配饰。

（6）系列：Monogram，Damier，Suhali 羊皮，Epi 皮革，Antigua，Cruise，Tambour watches，Speedy watches，Louis Vuitton Cup watches。

（7）品牌档案。

路易·威登创立于1854年，现隶属于法国专产高级奢华用品的 Moet Hennessy Louis Vuitton 集团。路易·威登（Louis Vuitton，1821—）是法国历史上最杰出的时尚设计大师之一。他于1854年在巴黎开设了以自己名字命名的第一间皮箱店。一个世纪之后，"路易·威登"成为箱包和皮具领域的世界第一品牌，而且成为上流社会的一个象征物。21世纪"路易·威登"这一品牌已经不仅限于设计和出售高档皮具和箱包，而是成为涉足时装、饰物、皮鞋、箱包、传媒、名酒等领域的巨型时尚航母。路易·威登高度尊重和珍视自己的品牌。该品牌不仅以其创始人路易·威登的名字命名，也继承了他追求品质、精益求精的态度。从路易·威登的第二代传人乔治·威登开始，其后继者都不断地为品牌增加新的内涵。第二代为品牌添加了国际视野和触觉。第三代卡斯顿·威登又为品牌带来了热爱艺术、注重创意和创新的特色。至今已有6代路易·威登家族的后人为品牌工作过。同时，不仅家族的后人而且每一位进入到这个家族企业的设计师和其他工作人员都必须了解路易·威登的历史，真正地领悟它并在工作和品牌运作中将这种独特的文化发扬光大。

从设计最初到现在，印有"LV"这一独特图案标志的交织字母帆布包，伴随着丰富的传奇色彩和典雅的设计而成为时尚经典。一百年来，世界经历了很多变化，人们的追求和审美观念也随之而改变，但路易·威登不但声誉卓然，而且仍保持着无与伦比的魅力。

路易·威登品牌一直把崇尚精致、品质、舒适的"旅行哲学"，作为设计的出发点，路易·威登这个名字现已传遍欧洲，成为旅行用品最精致的象征。路易·威登的做法就是坚持做自己的品牌，坚持自己的品牌精神，做不一样的东西，给大家提供一种真正的文化（图9-1）。

图 9-1　路易·威登

2．Dior

（1）创始人：克里斯汀·迪奥（Christian Dior）。

（2）公司总部：法国巴黎。

（3）创建时间：1947年。

（4）产品类别：女装、男装、香水、皮草、内衣、化妆品、珠宝、鞋靴及童装等。

（5）品牌档案。

"Dior"在法文中是"上帝"和"金子"的组合，金色后来也成为Dior品牌的代表色。

Dior之所以能成为经典，除了其创新中带着优雅的设计外，还在于它培育出了许多优秀的年轻设计师。Yves Saint Laurent，Marc Bohan，Gianfranco Ferre以及John Galliano在Dior过世后陆续接手，

他们以非凡的设计功力将Dior的声势推向顶点，而其秉持的设计精神都是一样的即Dior的精致剪裁。2001年法籍设计师Hedi Slimane接手改名后的DIOR HOMME，他的设计强调完美的线条，超小尺码的服装透过精瘦的年轻男模特儿呈现出一种有点病态的美感，风靡全球。

如今，Dior的品牌范围除了高级时装，还拓展到香水、皮草、内衣、化妆品、珠宝、鞋靴等领域，不断尝试、不断创新却始终保持着优雅的风格和品位（图9-2）。

图9-2　Dior

（6）品牌识别。

① Dior服装与其他品牌做法不同，它从不把任何CD或Dior等明显标志放在衣服上，而衣标上Christian Dior Paris是唯一的标识。

② CD。这一缩写常出现在Dior的配件上，如眼镜镜架侧面、扣环、皮带、皮夹等。

③ Dior。挂在提环上，以DIOR四个字母串成钥匙圈，是"Lady Dior"皮包最明显的标志，后来也几乎成了Dior另一个明显的记号。

④钻石格纹。Dior专用之钻石格纹，较少出现在服装上，多在Dior皮夹上见到。

3．CHANEL

（1）创始人：嘎布里埃尔·香奈儿（Gabrielle Chanel）。

（2）注册地：法国巴黎（1913年）。

（3）设计师：1913—1971年，嘎布里埃尔·香奈儿；1983年起，卡尔·拉格菲尔德。

（4）设计理念：高雅、简约、精美。

（5）品牌档案。

创始人香奈儿于1913年在法国巴黎创立香奈儿品牌（CHANEL），香奈儿的产品种类繁多，有服装、珠宝饰品、配件、化妆品、香水，每一种产品都闻名遐迩，特别是香水与时装（图9-3）。

香奈儿是一个有着80多年历史的著名品牌，其时装永远有着高雅、简洁、精美的风格。香奈儿不像其他设计师那样要求别人配合他们的设计，香奈儿提供了具有解放意义的自由和选择，将服装设计从男性观点为主的潮流转变成表现女性美感的自主舞台。她抛弃了紧身束腰、鲸骨裙箍与长发，提倡肩背式皮包与织品套装，一手主导了20世纪前半叶女性的风格、姿态和生活方式，确立了一种简单舒适的奢华新哲学。正如她生前所说："华丽的反面不是贫穷，而是庸俗。"

图 9-3　CHANEL

　　除了时装，香奈儿还在 1922 年推出了 CHANEL No.5 香水，其瓶子是一个极具装饰艺术味道的玻璃瓶。此乃历史上第一瓶以设计师的名字命名的香水。而"双 C"标志也使这瓶香水成为香奈儿历史上最赚钱的产品，且在恒远的时光长廊上历久不衰。在 CHANEL 的官方网站上，依然是其重点推介产品。

　　值得一提的是，在香奈儿逝世（1971 年去世）后，德国著名设计师 Karl Lagerfeld 成为香奈儿品牌的灵魂人物。自 1983 年起，他一直担任 CHANEL 品牌的总设计师，将其时装推向了另一个高峰。

　　（6）品牌风格。

　　无论是带有强烈男性元素的运动服饰（Jersey suit）、两件式的斜纹软呢套装（Tweed）、打破旧有价值观的人造珠宝、带有浓郁女性主义色彩的山茶花图腾，抑或是 Marylin Monroe 在床上唯一的穿着——CHANEL No.5 香水，香奈儿都是挑战旧有体制的时尚。

　　（7）品牌识别。

　　①双 C。在香奈儿服装的扣子或皮件的扣环上，可以很容易地发现将 Coco Chanel 的双 C 交叠而设计出来的标志，这是让 CHANEL 迷们为之疯狂的"精神象征"。

　　②菱形格纹。从第一代 CHANEL 皮件诞生以来，其立体的菱形格纹便逐渐成为 CHANEL 的标志之一，不断被运用在 CHANEL 新款的服装和皮件上。后来甚至被运用到手表的设计上，尤其是"matelassee"系列，k 金与不锈钢的金属表带，甚至都塑形成立体的"菱形格纹"。

　　③山茶花。香奈儿对"山茶花"情有独钟，现在对于全世界而言，"山茶花"已经等于是香奈儿王国的"国花"。不论是春夏或是秋冬，它除了被设计成各种材质的山茶花饰品之外，还经常被运用在服装的布料图案上。

4．KENZO

　　（1）创始人：高田贤三（TAKADA KENZO）。

　　（2）注册地：法国巴黎（1970 年）。

　　（3）设计师：高田贤三。

　　（4）品牌线。

　　①丛林中的日本人（JUNGLE JAP）：时装；

　　②高田贤三（KENZO）最早设计的是男装，后增加女装；

　　③丛林中的高田贤三（KENZO JUNGLE）：青少年服装；

④城市中的高田贤三（KENZO CITY）：女装。

（5）品牌简介。

高田贤三的产品种类有服装、皮包、饰品、手表、眼镜、家饰品、浴用品、香水、高尔夫球用具。

高田贤三品牌主要有以下特征：

自由空间：高田贤三设计的首要原则是"自然流畅、活动自如"，这是指结构对于身体的尊重。高田贤三是第一位采用传统和服式的直身剪裁技巧，不需打折，不用硬身质料，却又能保持衣服挺直外型的时装设计师。他说："通过我的衣服，我在表达一种自由的精神，而这种精神，用衣服来说就是简单、愉快和轻巧。"

异域风情：高田贤三的作品里包含了南美印第安人、蒙古公主、中国传统图案与字样、土耳其宫女以及西班牙骑士的各种元素，承载了各国绚烂夺目的民族之光，等待人们的发掘，尤其是他对于东方瑰丽而神秘色彩的偏爱，使他能够将不同的民族特色融合在一起。

虹彩色调：他把四季都想象成夏天，在颜色上变换着扣人心弦的戏法。具有民族特色的深葡萄酒红、艳紫、茄子色、卡其色等，构成了充满着温暖感觉的五彩缤纷的组合，具有强烈的效果。

快乐花朵：KENZO 的图案往往取自大自然，高田贤三喜欢猫、鸟、蝴蝶、鱼等美丽的小生物，尤其倾心于花。包括大自然的花、中国的唐装与日本和服的传统花样等，他使用上千种染色及组合方式，包括祖传手制印花蜡染等方法来表达花，从而使他的面料总是呈现出新鲜快乐的面貌（图9-4）。

图 9-4　KENZO

（6）品牌识别。

鲜艳的花形图案在 KENZO 的设计中始终保持着一定的出现频率，同大写的粗体的"KENZO"与高田贤三先生的亲手签名，共同成为辨别其品牌的方式。KENZO 旗下的服装其实还分为三个路线：

① KENZO PARIS：这是他创作的精髓，介于 20 ~ 45 岁的消费群，是高单价的第一路线。

② KENZO JUNGLE：以"JUNGLE"为名，是针对介于 15 ~ 30 岁消费群的年轻副牌，多用鲜艳大胆的热带丛林色彩，搭配特殊材质的配件，"重复花色"的灵活搭配更为风格轻松的年轻服装创造出了一种强烈的特色。

③ KENZO JEANS：KENZO 以愉悦丰富的想象力，针对年轻族群设计了这一系列的牛仔服装，包括牛仔裤、T 恤、夹克、衬衫、针织毛衣等，试图营造出一种简约、舒适的穿着方式。

5．纪梵希（GIVENCHY）

（1）创办人：休伯特·德·纪梵希（Hubert de Givenchy）。

（2）注册地：法国巴黎（1952 年）。

（3）官方网站：http://www.givenchy.com。

（4）品牌线：Couture Givenchy、Givenchy Nouvelle。

（5）品牌简介。

纪梵希（GIVENCHY）的创立人 Hubert de Givenchy 于 1927 年出生在法国诺曼底 Beauvais 的

一个艺术世家。自幼即展露出非凡的艺术天分，纪梵希于 10 岁时参观巴黎万国博览会的服装馆之后，便决定成为一位时装设计师。1945—1949 年，他曾经在巴黎的勒隆（Lucien Lelong）、罗伯特·皮凯（Robert Piquet）、杰奎斯·菲斯（Jacques Fath）、夏帕瑞丽（Schiaparelli）等公司担任设计师。

纪梵希的"4G"标志分别代表古典（Genteel）、优雅（Grace）、愉悦（Gaiety）以及 GIVENCHY，这是当初法国设计大师 Hubert de Givenchy 创立纪梵希时所赋予的品牌精神。时至今日，虽历经不同的设计师，但纪梵希（GIVENCHY）的"4G"精神却未曾改变过。

几十年来，纪梵希一直保持着优雅的风格。因而在时装界纪梵希几乎成了优雅的代名词。纪梵希隐退后，加利阿诺任首席设计师，他与纪梵希传统的儒雅风格截然相反，他的作品充满了童话色彩，总能满足人们对时装的幻想，充满视觉快感，为纪梵希品牌注入新的活力。1997 年马克昆成为纪梵希首席设计师，他满脑子的古怪意念常常令世人惊叹，在他的作品中常表现宗教、死亡、性、爱等哲学命题。马克昆所创造的那种年轻的前卫风格让纪梵希这一知名品牌继续在时装界成为耀眼的明星。

清纯优雅的奥黛丽·赫本不知是天下多少男子的梦中天使。而纪梵希就是她"背后"的那个男人，是她四十余年的形象设计师。而纪梵希本人在任何场合出现时都有着儒雅风度与爽洁不俗的外形，被称为"时装界的绅士"。1973 年，纪梵希正式推出男装，他的男装几乎就是他本人的化身——简洁、清爽、周到、得体、刚柔并济。

纪梵希那种华贵典雅的风格，或多或少是其个性的反映。爽朗谦和，再加上法国人的浪漫深情，令纪梵希赢得了"服装界彬彬绅士"的美誉。他曾说："真正的美是来自对传统的尊重，以及对古典主义的仰慕。"这句话表明他是一个完美主义者，也是其设计的精髓（图9-5）。

图 9-5　纪梵希

二、国内著名服装品牌

1. 七匹狼男装

七匹狼集团下辖"福建七匹狼实业股份有限公司""福建七匹狼投资股份有限公司""七匹狼（四川）酿酒有限公司""福建七匹狼鞋业有限公司""晋江市七匹狼软件开发有限公司"等多家公司。目前公司总部占地面积 39 800 平方米，建筑面积 26 500 平方米，职工 1 800 多人。主导服装开发、生产、销售，涉及鞋业、酒业、表业、房地产开发、金融投资、贸易等多种行业，是以品牌经营为核心，多元化经营的综合性的公司。

集团有限公司核心企业"七匹狼实业股份有限公司"是经营七匹狼品牌男士休闲装的大型企业，是省科技厅认定高新技术企业。其拥有先进快捷的产品研发中心，先进的电脑自动化生产设备、国际标准化、封闭式的工业园区，其产品款式新颖，面料精美，工艺精湛，素有"夹克之王"的美誉，是目前国内男士休闲装的代表。

公司目前拥有上海、福建等五家营销分公司和全国 32 个省市 1 000 多家形象统一、规范经营的特许专卖店、专厅专柜，1 200 多个销售网点。2000 年、2001 年连续经中华全国商业信息中心统计认定"七匹狼夹克（休闲装）市场综合占有率"在同类产品中位居第一名，并荣获"2001 年最受中国消费者欢迎的服装品牌第一名"，"七匹狼"休闲装已成为领先中国男装消费趋势的佼佼者。

经过多年精心经营，以服装产品业为核心的品牌多元化经营战略获得极大成功，"七匹狼"品牌已成为现代男士时尚生活的代言人。"七匹狼"获得了社会各界的广泛推崇与厚爱，1992年"七匹狼"荣获第一批"福建省著名商标"以及全国驰名商标；1996年经评估仅服装品牌价值即达2.497亿元；1998年"七匹狼"再度荣获"福建省著名商标"称号；2001年4月"七匹狼"荣获2000年全国服装行业"双百强企业"称号；2015年七匹狼荣获中国服装行业500强；2016年荣获第五届Brandz最具价值中国品牌100强（图9-6）。

图9-6　七匹狼

2．例外

广州市例外服饰有限公司创立于1996年，公司主要经营服饰及文化生活等用品，是一家集服装设计生产、销售于一体的具有先进经营理念的企业。公司现有员工约400人，实行总经理负责制，下设设计研发中心、营销管理中心、产品供应中心、品质管理部、人力资源部、财务部六大部门，下属有北京分公司、上海分公司、状态国际发展（香港）有限公司、状态服装设计（珠海）有限公司。旗下品牌"例外（EXCEPTION de MIXMIND）"已是中国现存时间最长亦是最成功的女装设计师品牌，同时例外代理了国际品牌如意大利男装品牌C.P.COMPANY、STONE ISLAND及西班牙知名品牌KOWALSKI等。

1994年，艺术总监马可（创始人）参加兄弟杯国际青年服装设计师大赛，以"秦俑"系列获大赛唯一金奖；1995年，被日本《朝日新闻》评为"中国五佳"设计师之一；1997年，作为中国4个代表设计师之一，入选澳大利亚悉尼博物馆举行的"中国服装三百年"大型服装展览，代表中国现代部分；1998年，参加CHIC98，获"最佳设计"及"最佳品质"双金奖；1999年，艺术总监马可小姐被美国《The Four Seasons》杂志评为亚洲"十佳"青年设计师，并赴巴黎参加"99巴黎中国文化周"时装表演，作为中国3个代表设计师之一，代表中国现代部分；2002年，荣获兄弟杯中国国际青年服装设计师作品大赛组委会颁发的"事业成就奖"，作为中国首个服饰品牌受巴黎女装协会邀请，出席全球最大最高级的成衣展（PRET-A-PORTER PARIS）；2003年，作为中国纺织协会组织的"国际团"成员之一应邀参加全球最大的成衣展——德国CPD成衣展；2004年，荣获上海国际服装文化节TOP10时装设计师杰出贡献奖、荣获中国时装周组委会/中国服装师设计协会年度"中国最具时尚女装品牌"大奖。在中国国际时装周上，举办"例外"品牌05春夏时装发布会，并荣获新世界百货集团"最佳成长奖"；2005年，荣获"蓝地"北京·中国服装设计金龙奖之最佳原创奖、上海国际服装文化节十大时尚新锐奖、首届中国服装协会主办的"2003—2004中国服装品牌年度大奖"风格大奖提名，在中国质量监督管理协会、中国质量标准研究中心、中国消费日报社"中国市场消费商品质量、信誉、竞争力调查"中获"同行业知名品牌/领导品牌"称号。"例外"成立以来，不断学习、吸收国际先进管理经验，并结合自身的特点，一直秉持东方本土文化的原创精神，持续创新和经营，凝聚注重精神追求的力量，实现信仰的巨大价值（图9-7）。

图 9-7　例外品牌设计师设计图

3. 柒牌

福建柒牌集团有限公司成立于 1979 年，是一家以服饰研发、制造和销售为一体的综合性集团公司。目前企业净资产 6.8 亿元，公司占地面积 335 亩，建筑面积 22 万平方米，拥有员工 6 000 多名。拥有世界一流的服装生产设备和技术。2001 年以来连续 5 年产品销售收入、利润总额名列全国服装行业前十强。

柒牌集团始终坚持"精心、精细、精准、精确"的生产方针，倡导"务实、求新、和谐、共存"的企业精神，连续三年被世界经济论坛及世界品牌试验室评为中国 500 个最具价值品牌之一，品牌价值高达 50.26 亿元。

柒牌系列产品以风格时尚、款式经典、做工考究著称，成为成功男士的时尚焦点。柒牌系列产品曾先后荣获福建省著名商标、福建省名牌产品、中国服装博览会金奖、中国奥委会第十三届亚运会体育代表团唯一指定专用出国西服、中国体育代表团唯一指定专用出国礼服、中国十佳过硬品牌、中国最受消费者欢迎的男装品牌之一、全国质量稳定合格产品、中国驰名商标、中国名牌产品、国家免检产品等殊荣。2000 年被国家公安部确定为九九式人民警察服装及警服软肩章指定生产企业，2001 年荣登全国 500 强民营企业行列。公司系福建省百家重点企业（集团），福建省 AAA 级信用企业，福建省首届最佳信用企业，全国纺织行业效益十佳企业，连续八年被福建省工商行政管理局评为"重合同守信用"单位。

国际巨星李连杰为柒牌品牌形象代言人，"中华立领"和"犀牛褶男裤"系柒牌两大专利产品。目前，柒牌系列产品已在全国 31 个省、市（自治区）拥有专卖店 2 600 多家（图 9-8）。

图 9-8　柒牌服饰

4. 白领

演绎服务时尚新概念的女装品牌"白领"，其品牌定位集文化、时尚、一流于一体。文化是通过服务、产品系列化和店面形象等诸多载体而呈现出来的一种感觉，树立到消费者心里，并融入白领品牌含义之中；时尚，始终与国际时装界的时尚保持稳步，并挖掘潜在的时尚消费；一流，白领品牌无论产品品质、服务水平、品牌形象、销售业绩等皆是一流，并以国际一流品牌的标准来要求自己。"白领 white collar"通过品牌定位以及与定位相吻合的工作目标，为顾客提供最优良的产品和最优质的服务。

长期以来，"白领 white collar"向顾客承诺"不打折"的经营理念，在保证产品质量、特色服务等硬件设施优秀的同时，避免陷入成本竞争、价格竞争和质量竞争等低层次的竞争旋涡之中，而是站在一个更高的层面参与市场，进行品牌运作。其立志于成为东方艺术代表的高级成衣品牌。

白领创立于世纪末的最后六年。通过十年的商业化运作，白领目前已拥有 4 个品牌，分别是白领 WHITE COLLAR、SHEES、K.UU 和 GOLDEN COLLAR。WHITE COLLAR 针对的顾客群体是35 ~ 45 岁有知识、有地位且不张扬的女士。

SHEES 针对的顾客群体是 25 ~ 35 岁的爱美女士，是非常女人的一个品牌。K.UU 是比较前卫和酷的裤装品牌，针对相对年轻的顾客群体。GOLDEN COLLAR 是为企业家、政界要人、明星、成功人士等顾客提供预约的专一式服务。白领，本着为生活而设计的设计理念每年推出超过 800 个系列的时装产品，这些融入全新时尚创作灵感的不同时装系列，更加全面地展现出每位女性独特的生活方式和成熟魅力。白领，为顾客们提供最合理的时装搭配方案和建议，透过高品位和具时尚感的店面，传递给顾客身临其境的感受，使之留下难忘的愉悦记忆。白领，正以其品牌感召力和核心价值对当今中国社会文化产生影响，也是对主流社会一种新思潮的代笔，白领——新经济转轨时代创新与变革的缩影（图 9-9）。

图 9-9　白领

5. 报喜鸟

浙江报喜鸟服饰股份有限公司成立于 2001 年，主要从事报喜鸟品牌西服和衬衫等男士系列服饰产品的设计、生产和销售。公司坚持走国内高档精品男装的发展路线，在国内率先引进专卖连锁特许加盟的销售模式，目前已拥有形象统一、价格统一、服务统一、管理统一的专卖店 500 多家，建立了我国运作最为规范、网络最为健全的男装专卖零售体系之一，是浙江省"五个一批"重点骨干企业。公司坚持品牌经营的发展战略，以弘扬民族服饰品牌为己任，努力创造品牌的价值，提出"质量是品牌的基础、营销是品牌的活力、设计是品牌的灵魂"的品牌理念，设立功能齐全的研发设计中心，组建阵容强大的营销队伍，不断提高报喜鸟品牌的知名度和美誉度，提升品牌形象，打造具有民族特色的国际品牌。公司注册商标"报喜鸟"获多个国家的国际注册，被国家市场监督管理总局认定为"中国驰名商标"，报喜鸟产品被国家市场监督管理总局评为"中国名牌"和中国首批西服"国家免检产品"，荣获首届中国服装年度大奖之品质大奖。

与此同时公司还致力于不断提高设备的技术装备水平，目前已经拥有美国 GGT 公司的服装 CAD（计算机辅助设计系统）、日本直本面料预缩机、意大利罗通迪全自动整烫流水线、德国康尼基塞粘合机和德国杜克普、日本重机缝制流水线等国际一流生产设备，综合装备水平位居全国服装行业前三名。公司将以产业规模化、经营国际化、管理现代化、队伍职业化、股份社会化为发展目标，努力把浙江报喜鸟服饰股份有限公司打造成为一家国内一流、国际知名的卓越服饰企业（图 9-10）。

图 9-10　报喜鸟服饰

听一听服装设计前辈们的话，看一看未来的路。

设计师访谈

思考题

1. 简述你所了解的知名服装品牌。
2. 简述你所了解的服装设计大师。

课后项目练习

1. 收集日常生活中你所了解的服装品牌公司的信息，至少 10 个。
2. 分析所收集公司的服装设计风格，做出客观评价。

参考文献

REFERENCES

［1］赖涛. 服装设计基础［M］. 北京：高等教育出版社，2005.

［2］鲁闽. 服装设计基础［M］. 杭州：中国美术学院出版社，2001.

［3］金惠，刘霖. 服装设计基础［M］. 北京：中国纺织出版社，2002.

［4］徐苏，徐雪漫. 服装设计基础［M］. 北京：高等教育出版社，2003.

［5］刘晓刚，崔玉梅. 基础服装设计［M］. 上海：东华大学出版社，2004.

［6］刘元风. 服装设计学［M］. 北京：高等教育出版社，2008.

［7］韩静，张松鹤. 服装设计［M］. 长春：吉林美术出版社，2004.

［8］上海市职业能力考试院，上海服装行业协会. 服装设计［M］. 上海：东华大学出版社，2005.

［9］张秋山，罗旻. 服装设计基础［M］. 武汉：湖北美术出版社，2007.

［10］陈彬. 服装设计基础［M］. 上海：东华大学出版社，2008.

［11］杨树彬，于国瑞. 服装设计基础［M］. 北京：高等教育出版社，2002.

［12］于国瑞. 服装设计基础［M］. 北京：高等教育出版社，1999.

［13］张鸿博. 服装设计基础［M］. 武汉：武汉大学出版社，2008.